都市の本質とゆくえ

J・ジェイコブズと考える

宮崎洋司 Miyazaki Hiroshi
玉川英則 Tamagawa Hidenori［共著］

鹿島出版会

まえがき

本書は都市思想家ジェイン・ジェイコブズの都市計画論、都市経済論、倫理論、システム論、文明論等の広範な分野にわたるその足跡をたどり、都市の本質とそのゆくえを読者とともに考えようとするものである。

本書出版のきっかけは、二〇〇九年夏の暑い日での知人との何気ない会話からはじまった。それは、その三年前に亡くなった「ジェイン・ジェイコブズの伝記本を書けたら面白いよね」というものであった。著者はジェイコブズが批判するエベネザー・ハワードに関する研究を行っているが、ジェイコブズに関してはその著書を読んだり、ゼミでの題材とした程度のかかわりであり、普段であれば聞き流していたに違いなかったが、その時はそうはならなかった。伏線はあった。ジェイコブズの『アメリカ大都市の死と生』等を出している鹿島出版会からは前年に『都市再生の合意形成学』を刊行していたこと。その書評がある学会誌に載り、評者より「よりよい都市再生計画とはどのようなものかに関する本質的な論点に関する続編を期待する」とのコメントがあって、これにつながる著書を書きたい強い思いがあったこと、である。私自身は実務家出身であり、実践的研究に偏っていたこともあり、ジェイコブズについて書くことは自らの能力の限界を超えているとの自覚はあったが、この時は研究の幅を広げたいとの気持ちのほうが上回った。また、同じ出版社であれば話を進めやすいと感じたこともあった。直ちに編集者に相談し、進めることの了解を得た。ジェイコブズの広範な内容をカバーするには核となる人物が必要と思い、学会誌でジェイコブズへの優れたインタビューを行っていた玉川氏に声をかけ、二〇〇九年の晩秋から作業をスタートさせた。

伝記本とする話はすでに*Ideas That Matter The World of Jane Jacobs*のような優れたものがあったことが分かり、ジェイコブズの全著作に関するレビュー本タイプのものとすることに転換した。まず悩んだのは、ジェイコブズの広範な著作等をカバーする、それぞれの分野の共同執筆者を誰にするかであった。しかし、結論としてわれわれ二名だけで打合せたほうがよいと考え、編集者にも了解をいただいた。専門分野ごとに分担執筆する形では、ジェイコブズの全体像がみえにくいこと、彼女の日本への独自のまなざしを含めた、著書では語られなかったその都市思想を上手に引き出した玉川氏によるジェイコブズへのインタビューを本書の核に据えた構成のほうがよかろう、ジェイコブズを知らない人にも気軽に読んでもらえるようにコンパクトな書籍にしよう、との理由からである。

次に問題となったのは、ジェイコブズの広範な著作をどのような視点で論点を定め、展開して、彼女の都市思想の全体像を照らし出せるかであった。われわれにはこれに対する思いとアイディアがあった。都市問題は政府・市場・コミュニティの三つにまたがる複合領域問題であるが、それぞれ固有の価値基準（倫理）と論理の体系がある。現状では市場の倫理と論理が他を圧倒している。しかし、そこでの新古典派経済理論による価値基準としてのパレート基準と論理体系としての市場均衡モデルは、現実の都市の状況にあてはめ、あるいは実際の都市政策等に応用するには、モデル化で切り捨てられた条件や方法論的個人主義の理論フレームがおく前提の点等が適切でない面がある。この点で、ジェイコブズの都市問題への現場重視の実践的アプローチ法やユニークな考察・主張は都市政策における価値原理や政策策定手続きを考える上で参考になる点が多い。また、市場と政府の関係のあり方をめぐる論争に加え、近年ではコミュニティを交えて都市が論じられることが多くなっている。たとえば、広井良典『コミュニティを問いなおす』（ちくま新書）のような、社会保障の研究者による都市計画とコミュニティの関係にも一章をあてた「かたい」本が書店でうず高く積まれ、売れ行き好調だという。そこでは都市のタイプ（経済成長型、自給型、改造型、補償型の4タイプ）と公平性（世代間、地域間、社会的、制度的、種間の五つ）の関係を考察する部分があり、経済学では基本的に取り上げないテーマが興味深く論じられていたりする。このような都市空間やそこでの人々の関係性を問い直し、将来を展望する問題解決型アプローチは、問題を外部から客観視する立場をとる研究者には適切であるが、現実の問題であれば、本来ならその中で入りこんで、関係者が主体的に取り組むべき問題設定型アプローチのほうが適切と思われる。問題が解決されれば終わりというわけではなく、解決された瞬間に新たな課題設定を求められるからである。それでもジェイコブズの都市論は、対象の中に入り込んだ実践論である点で、アカデミズムではあまり期待できないものがいっぱい詰まっている。

植物学者の中尾佐助によれば、学と論との違いは前者が垂直思考であり、後者が水平思考である点にあるとされる。もちろん、ジェイコブズの著したものは都市論であり、彼女の水平思考によるものである。都市計画からはじまり、都市経済に転じ、社会の倫理的基礎に立ち返り、文明を展望する、典型的な水平思考の成果ともいえるその多分野にわたる彼女の著作間には、脈絡がないなどの批判がしばしばなされる。しかし、それは誤解であり、それぞれの著作の間には展開・深化・対比などの関係が明瞭にみてとれる。

以上のような議論を経て、われわれが提示したのは、主に経済発展をとらえる単位としての都市と、統治（都市政策・都市計画）と市場のそれぞれの倫理（価値原理）体系から都市の本質について「ジェイコブズと（一緒に）考える」というものである。

なお、各章の担当は次のとおりである。執筆にあたっては、大まかな構成と分担を決めるまでは議論を行ったが、それ以降は各人の分担のうち、でき上がった章をもち寄り、内容の確認と議論を幾度か行った。いろいろな解釈があってよいし、変に調整するより自由にやったほうが面白いものになると考えたからである。実際、玉川氏の文章から触発を受ける部分が多く、著者にとって、近年にない充実感がある作業となった。

【各章の分担】

第1章　都市思想家・ジェイコブズ再考（宮﨑）
第2章　ジェイコブズの生涯（玉川）
第3章　都市の計画論とジェイコブズ（宮﨑）
第4章　都市の経済論とジェイコブズ（宮﨑）
第5章　都市・社会の本質論とジェイコブズ（玉川）
第6章　ジェイコブズ自身に聞く――都市および日本へのまなざし（玉川）
第7章　ジェイコブズの遺産から未来へ（玉川）

最後に、都市問題に関心をもち、あるいは仕事として取り組んでいる多くの方が、本書のつたない議論からジェイン・ジェイコブズに一層関心をもたれ、できれば彼女の原典にもあたられて理解を深めていただければと、強く願うしだいである。

宮﨑洋司

都市の本質とゆくえ——J・ジェイコブズと考える…………［目次］

第1章……都市思想家・ジェイコブズ再考

ジェイコブズなどの活動により計画道路での分断を免れたニューヨーク・ワシントン広場
—遠くかすかに、崩壊する前のW.T.センタービルを望む（1996.7 photo. by Tamagawa）

ジェイコブズが生涯にわたり、都市にかかわって書き著し、発言し、行動した内容は、都市計画（政策）論、都市経済論、都市コミュニティ論さらには都市の本質論を含む極めて広範囲にわたるものである。これを、一冊の書物に、ごく限られた専門分野のわずかな数の研究者が取り組んだところで、彼女の都市論のエッセンスさえも書き著せるかは疑問である。そのような事情下で、本章では、序章として、ジェイコブズが取り組み、遺したもののうち、これまで不十分にしか伝わっていないと思われる点について述べ、次章以降で取り上げるべきテーマと作業に関する手がかりを得る。また、ジェイコブズの都市論がこれまでのものと何がどのように異なるのかを概観し、その立ち位置を確認した上で、次章以降（主に第3章から第5章を中心に）において、彼女の遺した都市論について再考する。ここでは、その立ち位置から彼女の主張の深い意味を読者に理解してもらうためにも、論理的な脈絡整理として前作業を行うことにする。ジェイコブズの嫌う父権主義的な作業と非難されるかもしれないが。

1-1 これまでのジェイコブズ論に欠けるもの

ジェイコブズの『アメリカ大都市の死と生』による都市計画論には、建築評論家ルイス・マンフォードやニューヨーク在住時の論敵とされる当時のニューヨーク市土木部長ロバート・モーゼスらの厳しい評価がある。その一方で、多くのマスメディアをはじめ、日本の宇沢弘文(1)や間宮陽介(2)のような経済学者等からの好意的な評価も数多い。都市経済論でも、ノーベル経済学賞受賞者ロバート・ソローのような厳しい評価がある一方で、同じノーベル経済学賞受賞者ロバート・ルーカスからは高い評価(3)が、日本の経済学者香西泰からも好意的な評価(4)がなされている。しかし、ロバート・ソローはジェイコブズの都市計画論である『アメリカ大都市の死と生』に対しては好意的に評価する。すなわち、分野ごとに評価が分かれるとともに、『市場の倫理　統治の倫理』のような都市計画（統治）と経済（市場）にまたがるような著作や、遺作となった『壊れゆくアメリカ』におけるような一種の文明論への評価・位置づけは定まっていない。このようにジェイコブズの都市論のカバーする領域があまりに広く、かつ成果が多いためにその全体像がつかみ切れておらず、さらに全体を俯瞰する作業の必要がある。この手がかりへの第一歩として第5章第4節において、もう一度、全著作の関連を考察している。なお、第4章では都市計画論である『アメリカ大都市の死と生』と、都市経済論である『都市の原理』および『都市の経済学』との、個々の論点について一貫性・展開性・補完性の観点から個別に論理の関連性を網羅的に考察している。

　彼女の都市論の全体像を把握したのちに、あらためて、その全体像から部分としての都市計画、経済に関する基本認識、主張・論点を再度見直し、再定位することが重要である。その際、彼女には著作以外の、ジャーナリストや社会運動家としての数多くのエッセイ・論説・対談（インタビュー）発言があり、特に著者の一人である玉川が直接行った二度のインタビューにおいては、都市計画と都市経済の基本認識や両者に通底する認識・主張がみられたことに着目した。これに手がかりに、個々の都市計画論、都市経済論、都市文明論を、新たなるヒントとして再定位する試みを第6章で行っている。この再定位は、全体としてのジェイコブズの都市論の新たな段階の認識・理解へと導くことにつなげる狙いがある。

　これらの作業は、マイケル・ポラニーによる暗黙知(5)の議論におけるその基本構造の要素である、近接項と遠隔項を定位する作業に擬えることができるかもしれない。ポラニーは彼の主著である『暗黙知の次元』の中で、たとえば顔であれば、顔の部分の特徴（近接項）から顔全体（遠隔項）をある人の顔として認識する。しかし、一旦、ある人の顔全体（遠隔項）を認識すると顔の各部分（近接項）の特徴の認識が危うくなる、と述べている。ポラニーはさらに遠隔項と近接項の関係には機能的・現象的・意味論的・存在論的な四つの構造が存在すること示唆し、暗黙知とは、二つの項目（遠隔項と近接項）の協力によって構成されるある包括的な存在を理解することである、とする。ここで、ポラニーの最も主張したいことは、「全体（遠隔項）を把握する際には、その部分（近接項）の全体としての意味に注目するため、それら部分（近接項）について、感知していることに依拠すること、それが暗黙知である」という点である。暗黙知にかかわる詳細な説明は本論の範囲を超えるので、関心のある読者は原典にあたっていただきたい。ポラニーのここでの議論は、ジェイコブズの都市論の全体を把握するには、部分であるジェイコブズの都市計画論、都市経済論、都市文明論の把握に依拠し、それは暗黙知にかかわる作業に相当する（非常に困難なものである）ことを示唆するものである。しかし、この点に関しても、ポラニーには答えがある。彼は大学での植物等の識別実習を例に、「こうした外観が言葉では記述することができなくとも実習訓練によって教え伝えることはできるのだから、このことはわれわれがそれらについての知識を語ることができることを証明しているのではないか、…」といい、識別が一定の条件下では可能だとする。彼の答はこうである。「われわれが外見的特徴を人に教えることができるのは、教師が示そうとしていることの意味を生徒がつかもうとして努力する知的協力が、生徒の側に期待できるかぎりにおいてである」(6)。

本書の副題を「ジェイコブズと考える」としたのは、ポラニーの暗黙知にかかわる作業を、ジェイコブズが教師役、読者が生徒役となって、ともに都市の本質を考えていただくことを期待する意味がある。これは主に第6章で試みられ、本書のコアとなる部分である。試みとしてどのていど成功しているかはやや疑問もあるが、ジェイコブズとの親交があった著者（玉川）でしか、著しえないものとなっているはずである。ちなみに、第3章から第5章は、ジェイコブズの著作に関する、われわれによるレビューであり、第7章は、著者側が改めてテーマとしての題材を提供し、主に読者に「都市のゆくえ」を考えいただこうとするからでもある。

1-2 従来の都市論との違いとジェイコブズの立ち位置

ジェイコブズの都市論にはいくつかの顕著な特徴がみられるが、その中でも特筆すべきは、自らの足と眼による現場観察であり、かつ、文献調査中の抽象的で難解な事象であっても常に現実に即した実践的な思考をする点である。しかし、『都市の原理』以降は文献調査による部分が多くなり、その解釈・論理展開などをめぐってロバート・ソローをはじめとする経済学者から厳しい批判があったことは上述のとおりである。しかしこの批判は、ジェイコブズに期待される役割を考えれば必ずしもあたらないことを本章で述べて、第3章以下において彼女が明らかにしたり、主張したりしている点の必然性を意義づけてみる。そこで、本節では主に都市経済論における経済学者の論理展開枠組みとジェイコブズのそれとを比較して、その違いをみておこう。まずは経済学等で標準的な方法論として論理実証主義の枠組みについてであるが、以下にこれを示そう(7)。

（1）経験からの帰納あるいは理論からの演繹を通じて、仮説を立てる
（2）仮説を構成する概念群を決める
（3）検証できる概念間の関係図式（モデル）を組み立てる
（4）それらの概念を測定する指標を決める
（5）それに沿って、統計分析が可能なデータを集め、統計分析を行う
（6）指標の妥当性を確認し、仮説（関係図式）の妥当性を確認する
（7）仮説どおりの結果が出ていれば、その理論上・実践上の意義を説明する。仮説どおりの結果でなければ、概念、概念を測定する指標、さらにはモデルが適切であったかどうかを再検討し、訂正して再度分析をやり直す

ジェイコブズの方法論はこれとは少なからず異なる。まず（1）の仮説を立てる段階で違いがみられる。論理実証主義の方法論による、この段階での仮説は通常の個別原理（命題）の意味で用いられる。つまり、この段階では理論（一般法則）から個別原理を設定する意味で仮説の設定が行われる。そこでは、一般法則から個別原理を推論するに際して演繹法が採用される。なお、「経験からの帰納」による仮説設定とあるのは、理論化が不十分であったり、（他の理論との）その相対的な説明力に陰りがみえている段階では、経験や現実そのものから帰納的に個別原理（仮説）を導き出す必要がある状況を想定したものである。一方、ジェイコブズは基本的にケーススタディから仮説設定を行う帰納法によっている。ロバート・ソロー等によるジェイコブズへの「過度の一般化」との批判は、一つにはこの段階での作業に対してのものであるが、これには誤解があるようである。ソロー等による過度

の一般化だとする非難は、ジェイコブズが数少ないケーススタディで、かつ（2）以下の手順が適切なレベルで進められるとは思えないこと、しかも一見すると、帰納法によっていきなり一般法則としての仮説を導き出しているようにみえることに対してであると思われる。すなわち、ジェイコブズは基本的に特殊事例（による個別原理）からの帰納による推論として過度の一般（原理）化を導き出す帰納論理によっていて、演繹論理（諸前提→演繹→個別原理）をベースとする仮説設定とその検証による論理実証主義の方法論からかけ離れているようにみえる。その点で経済学者側の誤解を招いているように思われる。すなわち、真理に接近する意味での演繹論理による一般化とは異なり、帰納論理による一般（真理）化は厳密な意味で論理とはいえないからである。しかし、注意深くみれば、ジェイコブズの仮説はこの論理実証主義が否定する一般真理化ではないことが分かる。彼女は「着想」という言葉を使っているが、この着想で様々な事象を上手に説明する方法をとる。これは実質的な仮説といってよい。第4章で詳述するが、たとえば、『都市の原理』の第1章で、「はじめに都市ありき」という一種の「仮説」をもち出し、この仮説を直接的には『都市の経済学』の第3章から第5章の、都市と都市地域・供給地域のケーススタディで検証する。また、『都市の原理』の第2章でもアナロジー表現の仮説である「新しい仕事は古い仕事に追加される」への連想（association）に間接的に利用される。

そもそも、都市問題における帰納論理の優位性は『アメリカ大都市の死と生』の最終章ですでに取り上げられている。そこでは、「都市問題は生命科学と同じように組織だった複雑性の問題として扱うのが適当だとされ、複雑性の科学によれば、個別性の強い都市は一般論から個々の事柄を意味するはずのことを演繹的に示すことができないので、個別事象から一般へと帰納的に考えるほうが適切である」、と主張されている。ジェイコブズには根拠と確信があって帰納論理の適用を行っているのである。

もう一つの批判は、(3)以降のモデル化と検証が統計的な手法とそれに適したデータの利用によらず、もっぱらケーススタディによる定性的なものになっていることに対してである。もちろん、ジェイコブズにモデル化概念が全くないわけではない。たとえば、『都市の原理』の第4章から第6章にかけて輸出創出や輸入置換の過程を図式で説明する部分がある[8]。しかし、この部分はモデル化のようにみえても、論理実証主義の方法論の立場では操作性を欠くとして彼らのいうモデルとはみなされない。これに代え、ジェイコブズが取っているのはメタファーとアナロジーによる広義のモデル化である[9]。『経済の本質』では主に経済法則を自然法則から考察するが、そこで取り上げられているのがメタファーやアナロジーであり、『都市の原理』や『都市の経済学』でもメタファーやアナロジー表現が幾度かみられる。論理実証主義の立場に立つ経済学者などには、仮説検証作業にメタファーやアナロジーを利用することをタブー視する向きがあり、「単なる比喩的説明に終わっている」との非難がしばしばなされる（たとえば、本書第5章第2節でのロバート・ソロー）。これとは逆に、論理実証主義による経営学を日本にはじめてもち込んだパイオニアとされる野中郁次郎は、創造の方法論としてメタファーとアナロジーの有効性を説いている。いずれにしろ、ジェコブスが都市経済論にこの種の方法論を取ったのは適切である。なぜなら、ジェイコブズが取り上げたテーマはその当時としては全く新しいもので、数量モデルを組み立てるにしても、当時の乏しい概念群、指標（データ）蓄積状況では困難きわまり、基本的に論理実証主義の方法論には馴染まない面があったからである。論理実証主義の方法論に関する限界の一つとしてあげられる、状況依存性の問題に対応する意味もある（10）。社会法則は国・地域や時代状況によって変わるのである。そのような状況はメタファーやアナロジーの利用に好ましいものであり、かつジャーリストであるジェイコブズの得意とするところであった。逆に、論理実証主義の方法論で、ジェイコブズに優位に働くと思われる作業がある。（7）の仮説の実践上の意義についてである。これは特に経営学のような実践科学には極めて重要である。経営学では研究の蓄積が現実の企業の経営実践に意味・意義があることが他の学問より強く求められている。経営学でもこの点への理解はまだ日が浅いとされる（11）が、経済学でも事情はほぼ同じである。たとえば、『都市の経済学』で、経済活動を国民経済単位より都市単位でとらえることの実践上の利点をあげているが、これはジェイコブズがこの面を重視していることの表れである。この点も理論よりも実践性を重んじる、というより理論と実践の両方に目配りするジェイコブズの特徴がよく表れている。

ここでようやく、ジェイコブズの都市論における立ち位置について述べる準備ができた。すなわち、ジェイコブズの紹介が、都市学者、都市研究家、都市思想家、都市問題ジャーナリスト、社会運動家・社会批評家等、様々な呼称でなされていて、その役割が定まっていないために、適切に彼女のこれまでの業績が位置づけられず、あるいは評価されていないという問題があった。特に、ジェイコブズの都市の経済論に関してこの点があてはまる。両極端の評価をあげてみよう。褒《ほ》めすぎの例は、第4章で取り上げるジェイコブズ型外部性における貢献を「彼女こそノーベル経済学賞を受けるべきであったとまで評価されている都市経済学者」と紹介するものである（12）。貶《けな》しすぎの例はロバート・ソローの『経済の本質』に関する書評にみられ、本書の第5章第2節でもその一部が取り上げられる。褒めすぎの例での著者の真意は別のところにあると思われる（13）が、たとえば「ジェイコブズ型外部性」では基本アイディアは確かにジェイコブズによるものだが、モデル化・理論化はもっぱら経済学者が行ったものである。モデル化自体を行わなかったジェイコブズにはモデル化が必須条件である、現在の経済学賞受賞の資格はないはずである。貶しすぎのロバート・ソローがいわんとしていることは、いわばジェイコブズを経済学者とはみないという趣旨の批判である。いずれにしても、理論・経済学者としてのジェイコブズに関する評価である。しかし、これは、ジェイコブズの本意とする役割ではないし、彼女の現場観察の鋭さと実践論志向にはおよそ的外れである。このジェイコブズの立ち位置ともいうべき点に最も適切な評価を行っていると思われるのは香西泰（後出）である。氏は『経済の本質』のあとがきで、同書の狙いに関する感想として「発見や発想への刺激としては十分に成功しているといえよう。このような観点をさらに論理化し、体系化することは、本来の研究者の課題である」と述べ、ジェイコブズによる理論化のための基本アイディアや現場観察での発見における貢献を期待し、評価している(14)。読者は第3章以降の展開でこの点が確認できることと思う。

最後に、ジェイコブズの都市論の方向性に関しても触れておきたい。第2章でみるように、ジェイコブズが取り組んだ領域は都市計画、都市経済、倫理問題、環境問題、文明論と極めて広範であり、この点でも香西泰の「社会思想一般の世界でもジェイコブズは今後も生き続けるだろう(15)」とする意見が、的確に彼女の方向性を示している。これに彼女の実践志向をつけ加えると、ジェイコブズは「都市の実践思想家」とよぶのがふさわしい。この点に関しては第5章以下において、特に詳しく論じている。

【補注】

（1）宇沢弘文「社会的共通資本としての都市」、『二一世紀の都市を考える』、東京大学出版会（pp.11-29, 2003）

（2）間宮陽介「都市の思想」、『最適都市を考える』、東京大学出版会（pp.15-43, 1992）

（3）Robert Lucas, "On the Mechanics of Economic Development", Journal of Monetary Economics, Vol.22（pp.3-42, 1988）

（4）J・ジェイコブズ、香西泰訳『市場の倫理　統治の倫理』、日本経済新聞社（pp.337-347, 1998）訳者あとがき

（5）知っていても言葉には変換できない経験的で、身体的なアナログの知を指す言葉。マイケル・ポラニー、佐藤敬三訳『暗黙知の次元』、紀伊国屋書店（1980）で取り上げられた概念。

（6）同（5）（p.17）

（7）石井淳蔵『ビジネス・インサイト―創造の知とは何か』、岩波新書（p.16, 2009）

（8）中江利忠・加賀屋洋一訳『都市の原理』、鹿島出版会、（pp.224-301, 1971）付録、［復刊］SD選書257（2011）

（9）野中郁次郎・紺野登、『知識創造の方法論』、東洋経済新報社（p.191, 2003）の中で、創造の方法論として、メタファー→アナロジー→モデルのプロセスを示す。

（10）同（7）（p.39）

（11）同（7）（p.20-21）

（12）今井賢一『創造的破壊とは何か　日本産業の再挑戦』、東洋経済新報社、（2008, p111）脚注

（13）ジェイコブズへの高い評価のメタファー表現であって、実際にノーベル経済学賞をジェイコブズが受ける資格があると、今井氏ほどの人が思っていることはないはずである。

（14）香西泰訳『経済の本質―自然から学ぶ』日本経済新聞社（p.229, 2001）訳者あとがき

（15）香西泰「J・ジェイコブズと経済思想・経済理論」『地域開発』、第503号、（財）日本地域開発センター、（pp.2-5）

第2章……ジェイコブズの生涯

オープンカフェなどもみられ歩道に活気がみなぎるボストンのダウンタウンの街景
(1996.5 photo. by Tamagawa)

さてここで、ジェイコブズの生涯について簡単に振り返っておきたい。以下、代表的著作である『アメリカ大都市の死と生』が生み出されるまでの期間、同書刊行のころ、さらにその後、の三つの時期に分けて、彼女の軌跡をみてみよう。

2-1 『アメリカ大都市の死と生』への道程

彼女の出身地は意外にも小さな町。アメリカ合衆国ペンシルバニア州スクラントンにおいて一九一六年五月四日に誕生した。父親は医師であり母は教師や看護師を勤めた人物であった。姉と二人の弟のいる四人兄弟で、高校卒業後に一年ほど地元紙の編集補助を経験した後まもなく、家族とともにニューヨークへ移住する(1)。一九三〇年代のアメリカはまさに大恐慌の時代であり、雑誌編集や速記や秘書を中心としながらも様々な職を転々とせざるをえなかったようだ。ただ、この不況期にもニューヨークは思いのほか安全であったようで、「夜中のセントラルパークで寝ころぶことができた」というのは本人の談である(2)。コロンビア大学に2年ほど通学し、広く一般教養を学んだのもこの頃のことである(3)。

彼女による最初の記事とされるものは、"Flowers Come to Town"と題した一、〇〇〇語ほどのエッセイ（*Vogue magazine*, February 15,1937）。不況期とは思えないニューヨークの花卉問屋地区の活況をリズミカルな文体で綴っている(4)。また、鉄鋼産業界向け国営誌 *Iron Age*（1943）に寄せた論説で、故郷スクラントンの窮状を訴えると同時に対策を提言(5)、軍需工場の誘致に一役買っている。後にみる『都市の経済学』等の論考に向かう片鱗が、すでにここで垣間みることができる。

その後十年間足らず、政府の戦時情報局や国務省でライターを務めるが、この間の一九四四年に、建築家（当時は航空機のデザインに従事）のロバート・ハイド・ジェイコブズと結婚、二男一女の三人の子供をもうける(6)。彼の支援もあって一九五二年には、*Architectural Forum* 誌の共同編集者に採用され、慣れない図面の読み込みに悪戦苦闘しながらも、しだいに都市の実態にも関心を寄せるようになる(7)。一九五六年には、ハーバード大学で行われた都市デザインに関する会議で、ニューヨークのイースト・ハーレム地区等の都市再開発に疑問を呈し、「現実の都市の姿をよくみてほしい」と訴え、「結びつきの失われる」開発手法を告発、当時の計画者や建築家を批判している(8)。そしてその二年後の一九五八年には、*Organized Man* 等の著書で知られるウィリアム・H・ホワイトからの勧めに応じ、*Fortune* 誌に〝Downtown Is for People〟と題する論説を掲載する(9)。これは、さらに三年を経て世に出る成著『アメリカ大都市の死と生』のプロトタイプともいえるもので、高密度、用途混在、古い建物、小規模ブロックといった下町のもつ特性が都市の活気に寄与していることを、「体のよい墓地」のごとき再開発地区と対比させて論じている。

2-2 批判と礼賛の狭間で

このような過程を経て一九六一年ランダム・ハウス社から、『アメリカ大都市の死と生』（以下、『死と生』と略記）は出版される(10)。背後には、ロックフェラー財団からの援助もあった(11)。

その直後から、賞賛の拍手と批判の嵐がまき起こったことはよく知られている。「誰もが感じていることを的確な表現で語った」、「都市に生命と活気を与えているものが何であるかに関する至上の考察」といった賞賛は当初からみられた[12]。しかし、それと同程度の（あるいはそれを超える）批判にも同時にさらされている。

たとえば、『都市の文化』（1938初版1970改訂、生田勉訳1974, 2003）、『歴史の都市・明日の都市』（生田勉訳1969）等の著作で知られる社会学者ルイス・マンフォード。彼は、『死と生』以前にすでにジェイコブズとシンポジウムや講演会等で顔を合わせ、彼女に対し好意的、なかんずく賞賛の言葉を贈っていた。「都市の機能に関するあなたの分析は一線級の社会学」、「もっと多くの人々に対しあなたの考えを発表すべきだ」[13]、…。しかし、『死と生』が出版されるやいなや、彼自身の理論、ならびにエベネザー・ハワードの田園都市論に対する「不当な」批判に激怒する。「刺激的で恐ろしい本だ」と。そして「ジェイコブズの考えと伝統的都市計画の関係は、民間療法と近代医学の関係のようなもの」であり、「癌に冒されている大都市には、外科手術が必要とされている」と主張するに至る[14]。彼の変貌ぶりは、あまりにもドラスティックだ。しかしここで思うのは、『死と生』により、彼自身が批判にさらされていなかったらどうだったろうか？という疑問である。自らが攻撃対象になったということとその論調に我慢がならなかったというのが、本当のところなのかもしれない。

もう一人、彼女のライバルといえば、『死と生』刊行前後のニューヨーク市で、都市再開発に辣腕を揮っていたロバート・モーゼスである。『死と生』の自動車に言及した章のほかに、絶筆となった『壊れゆくアメリカ』（2004初版、中谷和男訳2008）でも彼女が再び触れているほどだ。この二人についてはアメリカでの関心も高く、公共放送ＰＢＳは、一九九〇年代後半に放映したニューヨークの歴史を扱った二四時間に及ぶ番組の中で、一時間を二人の論争にあてているほどである[15]。ハイウェイ、超高層ビル、広大なオープンスペースというル・コルビュジエの提唱した、「輝く都市」（構想は

"La Ville Radieuse"で、出版は*Manière de penser l'urbanisme*『輝く都市』、1946初版、坂倉準三訳1956）を地でいく計画を標榜する彼との対決は、いやが上にもジェイコブズを奮い立たせた。当時彼女が住んでいたグリニッジ・ヴィレッジの中心、ワシントン広場を分断して、高速道路（Lower Manhattan Expressway）を建設しようとする当局の試みに激しく反対。モーゼスをして、『死と生』の関連部分を引用しながら、「節度がなく不正確であるばかりでなく、名誉毀損にあたる」と非難させしめた（November 15, 1961）(16)。しかし、最終的にはこのワシントン広場は守られ、ジェイコブズ側の勝利に終わる。この結果については、かのマンフォードも歓迎し、書簡で祝福の言葉を、新年の挨拶とともに贈っている（January 4, 1963）(17)。以上の『死と生』についての詳細は第3章で扱うことになる。

二度の逮捕もあった。最初はベトナム戦争に対する反対デモ、次にはこの高速道路建設反対運動の際の騒乱の咎《とが》めで（ただし、彼女自身が個人的に違法行為や暴行をはたらいたわけではなく、短期間で釈放されている）(18)。そのような激しさをもって現実の都市の活気を守ろうとした彼女は、決して建築や都市計画の専門家ではない。彼女に対しては、この時代のスピリットを具現した旗手としての評価が与えられている。狭く独善的な判断に陥りがちな専門家に対し、広範な視野を持ち健全な常識と市民としての洞察力を兼ね備えた「偉大なるアマチュア」が活躍した時代の代表として語られる(19)のは、彼女にとって本望だったのではと思う。

なお、この間、一九六七年には講演等の依頼に応じながらヨーロッパを旅行、新鮮な感動を家族に向けた書簡で綴っている。ハノーバー、ベニスやパリへの賞賛、フランクフルトのこき下ろしなど、いかにも彼女らしい(20)。また、一九七二年には日本を訪れ、好印象を抱いているが、詳細については

第6章に譲りたい。

2-3 『死と生』後の思索遍歴をめぐって

一九六八年、ジェイコブズはニューヨークを去る。原因としてはベトナム戦争が大きかったようだ。彼女自身が反対していたことと同時に、息子達の徴兵を避ける意味もあった。カナダ・オンタリオ州のトロントへ移住。ここが永住の地となる。この地でも、都市内の高速道路(Spadina Expressway)建設反対の象徴的存在となり、マーシャル・マクルーハンの支援もあって計画撤回に成功している(21)。

さて、『死と生』以降の大きな著作となったものは、カナダ移住直後の一九六九年に出版された『都市の原理』(22)である。『死と生』でもその萌芽はみられたが、この著書以降、彼女は都市の経済への考察を深めていくことになる。

同書の主張は、『死と生』同様、明確である。「農村に先んじて、都市は存在していた」ということと、「都市経済の拡大プロセスは、輸入置換(代替)によっている」ということ。彼女の他の著作にもしばしばみられる、こういった「過度の単純化」については批判が多いが、その一方で、専門の経済学者にとっても魅力的にも写っているようである。

一九八四年刊行の『都市の経済学』(23)も、都市の経済に関する論考を深めたもので、これまたその主張は明確。「経済分析は、『国民経済』ではなく都市を単位として考えるべき」という表現に集約される。

一国の経済発展は、都市におけるイノベーション、インプロヴィゼーションによっていること、一方、経済が発展している国においても、その内部の都市間では大きな格差が存在していること、また、「移植工場」のような支援策は、当該地域の経済連関を活性化させるものでないかぎり有効には働かないこと…など、古今東西、しばしば観察される現象について、彼女は統一的な説明を与える。原書タイトル後半の *The Wealth of Nations* は、アダム・スミスの『諸国民の富』にかけたもので、それ自身、彼の理論を、そして都市を単位として書き直そうという極めて野心的な試みを表明するものとなっている。

以上の二つの著作の詳細については、第4章で扱うことになる。

ところで、この間の著作として、*The Question of Separatism : Quebec and the struggle over sovereignty*（1980）(24)がある。日本語訳は出版されていないので、わが国ではあまり知られていないが、ケベック州のカナダからの分離問題を正面から取り上げた意欲作で、同国に移住したがゆえの一冊といえよう。

この種の問題は、合理性ではなく、誇りとアイデンティティの問題であるということ、どういう地理的範囲がその地域に住む者にとって「国家」として認知できるかということ、それが重要であると彼女は語る。「国を誇りに思う気持ちが自らのプライドにつながる」のであると。本書であげられているのは、古くにスウェーデンから分離独立したフィンランドや、パキスタン、バングラデシュの例ではあるが、二一世紀も十年を経過した現在では、前世紀の終わり、共産主義崩壊以降から続くユーゴスラビアやバルト諸国をはじめとする東欧の情勢、チェチェン紛争等の問題が実感をもってとらえられる実例としてあり、一九八〇年時点で、現在の状況を予言していたかのような書きぶりである。

もちろんカナダでも、都市計画に関する論説を書いている。一つあげるとすれば、"Streets that work"という評論(25)。トロントの各種事例をあげながら、スラム・クリアランス型再開発に対し、インフィル・プロジェクトを高く評価し、「単調さを避けよ」以下六つの原則や具体的な提案等をあげている。

さて、一九九〇年代以降の彼女は、人間社会の根本原理ともいうべき深い繁みに分け入っていく。その価値基盤となるものを著したのが、『市場の倫理　統治の倫理』(26)である。人間社会の基礎にある二つの原理「企業・商取引原理と政治・国家的原理」についての様々な議論が、プラトンの著作を彷彿とさせる対話形式で綴られている。両者の特性とそのコントラスト、そのどちらの原理も人間社会を形成するのに不可欠であること、また、それらが不適切に混同または混合された場合、恐るべき弊害を引き起こすこと等歴史的な事例を紐解きながら、登場人物が百家争鳴の議論を繰り広げる。

そんな状況下、一九九六年には夫ロバート氏が死去。その頃、著者の私は当時二度目の訪問を試みたが丁重に謝絶された。おそらく重篤な段階であったのだろう。今思い出しても心苦しい。

しばらくあって二〇〇〇年に出版されたのが、『経済の本質』(27)。自然の生態系と人間の経済システムの相似性を彼女は描き出す。上述の『市場の倫理　統治の倫理』の続編という位置づけでもあり、同書に登場した人物達に「新顔」も加えた対話形式である。キーワードとなっているのは、「動的な安定性」（dynamic stability）という概念。わが国では、二〇〇九年、福岡伸一氏の著書により「動的平衡」という類似の概念が話題になったが、ジェイコブズのこの著作では、すでに中心的役割を演じている。

その四年後の『壊れゆくアメリカ』(2004)[28]は、最後の著作となる。近代文明は崩壊する…のか? というセンセーショナルなテーゼを、歴史的事例の考察と身近な物事の変化から論考した野心作である。西欧文明圏、特にアメリカを対象として著されているが、家族衰退、お免状化する大学教育、科学の放棄、問題多い課税システム、エリートたちの不正など…、と読み進むにつれて、あたかも現代の風潮、とりわけわが国の実態を述べているかのような錯覚にも陥る。

はからずもこれが絶筆となり、二〇〇六年四月二五日、八九歳で永眠。体調を崩して入院し、そのまま静かに息を引き取ったという[29]。卒中死とも伝えられる[30]がはっきりした死因はいわれていない。「暗黒時代」の到来を予言するこの書がジェイコブズの最後の著作となったことについては、日本の行く末を案じながら旅立っていった司馬遼太郎の姿と何か通じるものを感じる。残されたわれわれとしては、彼らの懸念が杞憂であることを願いたいが、楽観にすぎるのも好ましいこととはいえないのも事実であろう。

以上、これらの三冊を中心とした議論については第5章で扱うこととする。

なおこの間、一九九七年には、生前に書かれた伝記ともいうべき *Ideas That Matter The Worlds of Jane Jacobs*[31]が刊行されている。ちなみに *Ideas That Matter* とは、もともと彼女との対話を中心としたトロント市による会議の名称で、三本のビデオによる対談記録集も出されている[32]。地元のテレビに出演し、聞き手と丁々発止のやり取りを演じる彼女は、機智とユーモアにあふれ、八〇歳をすぎた女性とはとても思えない。同時に、市の活性化に寄与した市民に対し表彰する *Jane Jacobs Prize* も創設されている[33]。

また、これらの著作の隙間を縫うように書かれた著作として、*A Schoolteacher in Old Alaska*[34]

がある。アラスカで、はじめて学校教育に携わった大叔母のメモリーを綴ったものである。日本語訳は残念ながら未だみない。

ジェイコブズにとって家族と教育は重要な意味をもつ。父親が受けた農場学校による教育を誇らしげに語ったり、母親へは頻繁に書簡を送り、ことあるごとに率直な感情を吐露したりしている(35)。パイオニア教育者として単身アラスカに赴いた大叔母の生き様は、その後、都市論のフロンティアを切り開くジェイコブズ自身にも、大いなる尊敬の対象であったのであろう。また、生活の原点から文化・文明を見る視点は、最後の著作『壊れゆくアメリカ』に通じるものがあるようにも感じられる。彼女の業績のメイン・ストリームからは離れるが、ジェイコブズの家族観と先駆者観がにじみ出ている珠玉の逸作といえるのではないだろうか。

さらに、Gert-Jan Hospers(2006)によれば、あと二冊、著作の刊行が予定されていたという。『人類の小伝記』(*A Short Biography of the Human Race*)、『経済のベールを剥ぐ』(*Uncovering the Economy*)という興味をそそられるタイトルとして知られる(36)が、残念ながら内容は明らかにされていない。

ハーバード大学からの名誉学位授与を謝絶したジェイコブズ(37)。そもそも彼女に「大卒」という学歴はないのである。しかし、ボストンカレッジは、そのライブラリーの中に、HYPERLINK "http://www.bc.edu/bc_org/avp/ulib/Burns/amerauthms.html"/l "jacobs"Jane Jacobs' Papers 1937-1996, Boston College を加えているし、バージニア大学や先に述べたトロント市は彼女にちなんだ賞を創設している(38)。また、一九八六年にトロント・アーツ・アウァードが彼女に授与され、これは珍しく受け入れている(39)。また、彼女の死後、二〇〇七年ロックフェラー財団は「ジェイン・ジェイコブズ・メダル」を創設、彼女の精神を受け継ぐ活動を継続的に表彰[40]、さらに、二〇〇七年トロントからはじまった、身近な街を見直そうという試み"Jane's Walk"というムーブメントは、国外にも広がりをみせている[41]。

さて、以下の第3章~第5章では、今まで触れてきたジェイコブズの主要著作を内容別に掘り下げ、かつ、ほぼ発表年代順に、

第3章　都市の計画論とジェイコブズ
第4章　都市の経済論とジェイコブズ
第5章　都市・社会の本質論とジェイコブズ

として取り扱うことにする。

それではこれから、彼女のマイルストーンを、少しばかりつぶさにたどっていくことにしよう。

【補注】

(1) Edited by M. Allen, *Ideas That Matter The Worlds of Jane Jacobs*, The Ginger Press, pp.3-4, 1997 および　Gert-Jan Hospers, "Jane Jacobs: her life and work", *European Planning Studies*, Vol.14, No.6, pp.723-732, 2006.7.
(2) 一九九〇年八月一八日、トロントにおける筆者との対談による。
(3) Edited by M. Allen, *Ideas That Matter The Worlds of Jane Jacobs*, The Ginger Press, p.4, 1997
(4) 同(3)、pp.35-6

（5）同（3）、p.37

（6）同（3）、p.37　および　"Obituaries :Jane Jacobs, Social Critic Who Refined and Championed Cities, Is Dead at 89", *The New York Times*, April. 25., 2006.

（7）同（3）、p.4

（8）同（3）、pp.39-40　および　pp.47-8

（9）同（3）、pp.40-42　および　Jane Jacobs, "Downtown Is for People", *Fortune*, April, 1958.

（10）Jane Jacobs, *The Death and Life of Great American Cities*, Random House, 1961.（山形浩生訳『[新版]アメリカ大都市の死と生』、鹿島出版会、2010）

（11）同（3）、p.4

（12）当時の New York Times Book Review など

（13）同（3）、p.95

（14）Lewis Mumford, "Mother Jacobs, Home Remedies for Urban Cancer", *The New Yorker*, December 1, 1962.

（15）Wikipedia の "Jane Jacobs" の項（ HYPERLINK "http://en.wikipedia.org/wiki/Jane_Jacobs"）による。〈最終確認 2010.12.21〉

（16）同（3）、p.97

（17）同（3）、p.96

（18）同（3）、p.72, p.168

（19）Robert Fulford, "When Jane Jacobs Took On the World", *The New York Times*, Feb.16, 1992.

（20）同（3）、pp.87-93

（21）同（3）、pp.115-7

（22）Jane Jacobs, *The Economy of Cities*, Random House, 1969.（中江利忠・加賀谷洋一訳［新版］『都市の原理』、鹿島出版会、2011）

（23）Jane Jacobs, *Cities and the Wealth of Nations*, Random House, 1984.（中村達也・谷口文子訳『都市の経済学』、TBSブリタニカ、1986）

（24）Jane Jacobs, *The Question of Separatism : Quebec and the struggle over sovereignty*, Random House, 1980.

（25）Jane Jacobs, "Streets that work", *Canadian Heritage*, Vol.13, Issue 2, pp.31-4, 1987 May-June）

（26）Jane Jacobs, *Systems of Survival : A Dialogue on the Moral Foundations of Commerce and Politics*, Random House, 1992.（香西泰監訳『市場の倫理　統治の倫理』、日本経済新聞社、1998）

（27）Jane Jacobs, *The Nature of Economies*, Random House, 2000.（香西泰・植木直子訳『経済の本質』、日本経済新聞社、2001）

（28）Jane Jacobs, *Dark Age Ahead*, Random House, 2004.（中谷和男訳『壊れゆくアメリカ』、日経BP社、2008）

（29）"Obituaries : Jane Jacobs, Social Critic Who Refined and Championed Cities, Is Dead at 89", *The New York Times*, April.25, 2006.

（30）同（15）

（31）Edited by M. Allen, *Ideas That Matter The Worlds of Jane Jacobs*, The Ginger Press, 1997.

（32）The Ginger Press より

（33）同（15）

（34）Edited by Jane Jacobs, *A Schoolteacher in Old Alaska: The Story of Hannah Breece*, Rondom House, 1996

（35）同（3）、pp.133-151

（36）Gert-Jan Hospers, "Jane Jacobs: her life and work", *European Planning Studies*, Vol.14, No.6, pp.723-732, 2006.

（37）同（15）

(38) 同 (15)

(39) 同 (36)

(40) 同 (15)

(41) "Jane Jacobs would be so proud", *Globe & Mail*, May 2 2009. 及び "Jane's Walk 67 Cities Worldwide, May 1 & 2", Now, April 29 - May 5 2010.

第3章……都市の計画論とジェイコブズ

東海岸地域の伝統的な雰囲気の残るボストン・ノースエンドの街並み
(1987.11 photo. by Tamagawa)

ジェイコブズの手がけたフィールドは驚くほど広いが、なんといっても代表作は既存の都市計画（専門家）へのアンチテーゼの書として伝説的に評価の高い『アメリカ大都市の死と生』に尽きるだろう。しかも、それは単なる都市の計画論を超えた都市思想におけるキイストーンともいうべき都市原論の書であり、その後の彼女の都市経済、自然システム、社会システムに関する著作につながっている。以下では『アメリカ大都市の死と生』を題材に都市計画論さらには都市論全体におけるジェイコブズの貢献を再評価したいと思う。

3-1 エポックメーキングな都市計画論

一九六〇年代になって、ランダムハウス社から、*The Death and Life of Great American Cities*（1961）が出版された。日本語訳は、まずは部分訳で黒川紀章（1969）、そして完全訳で山形浩生（2010）で刊行（新版『アメリカ大都市の死と生』）された。全編が4部構成で、原書では約四五〇頁にも及ぶ大著である。そのこともあり、黒川訳は前半のⅠ・Ⅱ部のみの部分訳であった。初版から約五十年を経て完訳本として出版されたばかりである。ここでは各章の内容の再確認を行った上で、あらためて現在的な見地からジェイコブズの著した「都市の計画論」の再評価を試みることにする。

まず、全体構成を確認してみよう。第1章「はじめに」は狙いとプロローグではじまる。そこでは、「この本は今の都市計画と再建に対する攻撃です。」との刺激的な頭出しからはじまり、この書を書き著さざるをえなかった理由が語られる。

第Ⅰ部「都市の独特の性質」は、主に歩道と公園を対象にした現場観察とその考察からなる「起承転結」の「起」にあたる部分である。第Ⅱ部「都市の多様性の条件」は、現場観察から得られた個別事例から都市が賑わうための四つの条件を帰納的に引き出す「起承転結」の「承」にあたる部分である。第Ⅲ部「衰退と再生をもたらす力」は、大都市の賑わいの源泉である多様性をもたらし維持している条件を現場観察や文献調査から考察するもので、「起承転結」の「転」にあたる部分である。第Ⅳ部「違った方策」は第1章「はじめに」冒頭の「この本はいまの都市計画と再建に対する攻撃」であるに対応した、既存の都市計画・都市再開発プロジェクトや都市政策に関する対案を提示する「起承転結」の「結」にあたる部分である。以上の4部で構成されている。

第1章「はじめに」では、都市の機能を単純化し、自己完結化する郊外的環境を再開発プロジェクトにもち込む、ジェイコブズが分散派と断じる都市プランナー・都市デザイナーを批判し、「組織だった複雑性をもつシステム」である大都市には多様な用途・機能が経済的・社会的に絶え間なく支えあっている秩序があり、これを無視した計画は問題を引き起こすだけだとする。現在では、複合（混合）用途論は（準）郊外部でのニューアーバニズムによるサスティナブルディベロップメントで、複合機能論は都心部でのコンパクトシティ論に取り込まれている。また、この書を通じて、開発当局・都市プランナー主導のまちづくりから住民主導のまちづくりへと流れを変えさせた点は、彼女への批判者であっても高く評価するところである。

第Ⅰ部「都市の独特の性質」は第2章から第6章までの5章構成であり、歩道、近隣公園、都市近隣の使い道を実際の描写も交え、生き生きと論じる。

◉歩道の防犯・接触・同化機能

歩道の使い道として「治安」、「触れあい」、「子供たちを溶け込ませる」の三つをあげる。成功した都市は多くの人に囲まれていても身の危険を感じないが、それは歩道を監視する多くの目があって都市の安全が確保されているからであるとする。歩道の監視者は歩道沿いの店主だけではなく、数多くの見知らぬ人であり、しかもそれは毎日変わる。その安全性は人々自身の複雑でほとんど無意識のネットワークによって維持されており、決して警察によるものではない。そして、これらのネットワークがない、計画的につくられた住宅団地には監視が行き届かないため、安全性は確保されず、その場所は沈滞すると主張される。一方、歩道の登場者はおびただしい数に上るが、時間ごとに交代し、かつ日々異なる。この様子がハドソン通りの〝歩道バレエ〟として、実名をあげながら生き生きと描写されている。ジェイコブズはこの都市の安全性を①公私の空間区分が明確である、②街路への監視の目、③多くの継続的な歩道利用者がいる、の3条件に要約する。このうち、①の条件が「共」空間をどうみているかは不明であるが、監視領域を公共領域に限定して継続的に監視できるようにする狙いがある。監視の容易性という観点からの、建物の死角を少なくする住環境デザイン論の先駆けをなす広義の都市計画への大きな貢献である。

歩道での触れ合いも成功した都市の条件である。街頭でかわす数多くのささやかな触れ合いにより時間をかけて形成されるのが信頼である。この信頼がないと、必要とするときに交流や助けを得るということができない。この信頼の育成は制度化できず、しかも私的なかかわりをもたない。また、良好な都市の近隣は周囲の人々との様々なレベルの交流や助けを得たいという願いと、自分の基本的プライバシーを守るという決意との、バランスがとてもとれているとされる。その一例として公・

人・(public character) を自認する食品雑貨店主(信頼網のキーマン)が善意から鍵の預かり等を行いながら、私的なことにはかかわりをもたない例があげられている。ところで、この信頼感の形成と近隣の〝一体感〟は全く違うと彼女はいう。郊外の住宅地にみられる「多くを共有すべし」という中流家庭の理想のもとで、所得水準・関心・経歴が似ているという一体感は新しい郊外住民の精神的な拠り所にもなっている(近年のゲーティド・コミュニティ(1)はその典型である)。しかし、都市では多くを共有するために私生活の範囲を拡げなければいけないが、その結果、誰とつき合うかについて選り好みがはじまり、選ばなかった人々からは排除されがちとなるからである。歩道の公共的な触れ合いがないと、歩道の公共的な治安確保のためには、一体感をもつか、一体感ゼロで危険に甘んじるしかないとなる。都市のコミュニティと郊外新開発地域のコミュニティの違いが的確な現場観察からユニークな視点で鮮やかに引き出されており、その考察は今も色褪せていない。

子供達を歩道に溶け込ませる、つまり、活気ある多様な歩道で子供を遊ばせるのは、母親の監視(母権社会)がない場合に唯一の公共生活を経験できる場となるからである。そこには、男性と女性(一般社会と同じく男性もいないと駄目!)で構成されるコミュニティの監視があり、子供はのびのびと遊べるために非行率が低い。しかし、スーパーブロックの内側に囲い地の遊びをつくっても幼児以外はそこに居たがらない。その結果、監視の眼が届かず、子供の安全は守れないことになる。ほとんどの都市計画者達は母権社会を前提に計画するが、大きな間違いである。また、どんな遊びの需要でも幅員一〇～一二メートルの歩道であれば十分満足させることができるとされる。

◉利用される近隣公園の条件——複雑性・中心化・太陽・囲い込み

近隣公園の使い道でも既成観念を打破する考察・主張を次々と繰り出す。都市計画家が自慢する都市公園のオープンスペース増や〝都市の肺〟としての空気清浄の効果が否定される。それどころか、人がいるところから人を立ち退かせるのでは多様性の代替にはならないのはもちろん、多様性への逆効果であり、オープンスペースは治安上のマイナス効果であるとさえ、ジェイコブズは指摘する。その上で、都市の近隣公園が使われる理由として、違った時間に出入りする利用者が後背地にいること、他の公園との競合がなく希少性が高いことがあげられる。最後に、よく利用される公園には四つの設計要素として、複雑性・中心化・太陽・囲い込みを含んでいるとされる。複雑性とは、人々が近隣公園に来る理由の多様性のことであり、中心化は交差点や立ち止まる場所づくりのことである。太陽とは、日照がない公園は無人化しやすいからそれを避けることであり、囲い込みは公園を囲んだ建物が空間に明白な形を与え、舞台でのイベントのようにみえることである。このような条件を満たすものとして目に心地よいニューヨークのグラマシー公園のような汎用公園と、利用目的がはっきりしたコーリアース・フック公園のような専用公園をあげる。今でいう、タウンウオッチャーの先達ともいえるジェイコブズの面目躍如といったところである。

◉都市近隣のネットワーク構造

都市近隣については治安に次ぐ二四ページを割いている。まず、C・A・ペリー『近隣住区論』(2)の近隣住区概念を援用して、施設水準・住民特性等と関係づけた内向きの居心地の良さを都市近隣に求めるのは、近隣住区論が想定する七千人程度の、住民のほとんどが顔見知り同士のコミュニティにはあてはまるかもしれないが、社会的・経済的な有益性の観点からとらえるべき都市コミュニティにはあてはまらないと彼女は主張する。都市の良さは選択肢の多さと豊かな機会であり、利用や選択の流動性は都市の活動・事業の基盤になっているからである。そして、都市近隣を三つの近隣の構造体とみる。「街路近隣」は公共的な監視網により、治安機能、信頼と社会的コントロールのネットワーク機能、子供を責任ある寛容な都市生活へと順応させる支援機能がある。そこは、ユニットではなく物理的・社会的・経済的な連続体であるとされる。この対極にあるのが「全体としての都市」である。このレベルではいろいろな専門家や利益・圧力団体が成立しているが、関心を共有するコミュニティと人々を結びつける総合性が最大の特徴である。しかし、都市全体でしか供給できない施設が放置されたり、近隣では対抗できない強力な計画・政策に破壊されたり、ということがあるので「都市地区」が両者の仲介役となる。地区は自己完結する必然性もないし、そこでの人間関係は偶発的で飛び石的に地区間ネットワークができ上がることがあり、それが地区に新しい種類の組織を成長させることもある。この地区の規模は通常、市単位程度の大きさが必要であるが、人口三万人以上のボストンのノースエンドは地区として十分機能した時期があったとされる。ジェイコブズはこのような都市近隣では様々な人の流動・移動があるが、その根底には近隣ネットワークを構築する人々の連続性がなくてはならないとする。一見すると、そこには住み続ける人々を近隣に維持するには、利用の流動性・移動性が必要だというパラドックスがあるようにみえるが、そうではないとされる。なぜなら、単調でない多様な地域に住んでいて、その人々がその地域を気に入れば、まわりの人々が変わっても、自分の関心や興味が変わっても、その場に住み続けることができるからである。ジェイコブズならではの考察である。さらに、従来の都市計画論では街区→地区→地域→地方等の単位の平面的拡大として対象をとらえてきたが、ジェイコブズは質的・機能的に重層・依存関係にある3タイプからなるネットワーク構造としてとらえている点で独創的といえる。

◉都市の多様性のための四つの条件

第Ⅱ部「都市の多様性の条件」は、第7章から第12章にわたる6章構成となっており、都市に賑わいをもたらす多様性を生み出すための四つの必要条件が論じられる。

都市は膨大な数の職業をかかえ、用途一つ一つを取り出しても全貌はつかめない。都市を理解するには用途の組み合わせや混合を前提とする必要があり、成功した都市にはこの十分な用途混合による多様性がある。都市は多様性の、天然の経済的発生装置であり、新事業体の天然の経済的育成装置であるとされる。その上で、都市の街区や地区に多様性を生み出す条件として、経済的理由にかかわる四つの条件があげられる。

(1) 地区やその部分が二つ以上の主要機能を果たし、異なる時間帯や異なる理由で多くの施設を一緒に利用している人々が存在すること

(2) 街区は角が曲がる機会が頻繁であるために辺長が短いこと

(3) 地区は古さや条件が異なる建物が混在し、特に古い建物が相当数あって、それが生み出す経済収益が異なっていること

(4) 十分な密度で人がいること。その人たちのそこにいる目的は問わない

この四つの条件すべての組み合わせが都市の多様性には必要とされる。一つ一つ、これらの条件をみてゆく。

◉施設の種類・利用時間・利用者の多様性

第一の条件は「混合一次用途の必要性」である。多くの人に施設を利用してもらうには違った時間（特に午後半ば〈二時から五時まで〉、晩と土日）にそれぞれ利用者がいることが必要であるが、一次用途の多様性はそれ自体が人々を運んでくる。それができると二次的用途の多様性が生まれる。二次的用途とは、一次用途が惹きつけた人々にサービスを提供する事業所の総称である。一次用途の多様性が実際に機能するには三つの要件を満たす必要がある。第一に、それぞれの時間帯の街路利用者が同じ街路を使っていることであり、第二に、同じ街路を違う時間帯に利用する人々の間で部分的に同じ施設を利用する人々がいることであり、第三に、ある時間帯の街路利用者の混合比率が、他の時間帯での街路利用者の混合比率と近いことである。また、住居系地域であっても居住と業務は補い合い、昼間は従業者が活気をもたらし、夜は住宅からの人々が活気をもたらす。職住分離が望ましいという話が人々に浸透しているので、この点は実際にはなかなか気づきづらいとジェイコブズは主張する。用途混合については、都心再開発はもとより、郊外ニュータウンにも導入されているが、ジェイコブズのそれは物理的な要素にとどまらず、近隣住区論に準拠する田園都市派プランナー等が見落としている利用者や利用時間の多様性も視野に入れたはるか先に行くものであった。

◉空間特性の多様性

第二の条件は「小さな街区の必要性」である。街路や角を曲がる機会は頻繁となり、複雑な交錯利用の網の目を可能とし、それが街路の賑わいをもたらすからである。簡単な図はあるが、この条件にあてられた頁数は四つの条件の中では最も少ないこともあり、この項の説明だけではやや分かりづらい。分かりづらい理由の一つが、密集の必要性と同じく、条件それ自体については画一性（小さな街区のみ）を要請していて、「混合一次用途の多様性」等のように条件自体の多様性を要請する条件に比べてやや異質であることが関係しているのかもしれない。この条件は、第12章の規模の多様性破壊、第13章の大規模街区の境界創出性、という大きな街区のマイナス面の反対条件（つまり、小さな街区の必要性）であり、「大きな街区の不要性」といったほうが適切な表現のように思う。

◉経済的条件としての古い建物の必要性

第三の条件は「古い建物の必要性」である。都市地域に新しい建物ばかりだと、そこに立地できる事業所は高家賃を負担できるところに限られてしまうからである。新築ビルに入れるのは老舗か標準化された（チェインストア）事業か十分な補助金が期待できる（美術館・ホール）事業に限定され、近隣酒場・外国レストランや画廊・楽器屋は古い建物に入る（あるいは、しか入れない）。大都市の歩道沿いで最も見事で楽しい光景のほとんどが古い地区を巧妙に新しい利用に適合させた部分である。古い建物の経済価値は時間がつくり出すために代替不能であり、これは新築建物では叶わないものである。この多様性は活気ある都市近隣が過去から受け継ぐしかなく、年月をかけて維持するしかないとされる。この条件で極めて明瞭になるのであるが、ジェイコブズは都市の経済的側面を極めて重視していることである。『アメリカ大都市の死と生』以降、彼女は都市計画（政策）を離れ、都市（型産業）経済論に完全に乗り移ってしまったというような論調が一部にみられるが、これは『市場の倫理　統治の倫理』にもつながる、都市における経済と計画の関係（公共計画を経済的な観点から考察する）として計画を取り上げたのであって、最初から都市の経済論（を含んだもの）でもあったと考えるべきである。

◉高密・規格化されていない密集性の必要性

第四の条件は「密集の必要性」である。密集と利便性や多様性の関係は古くから認識されているが、一次用途が居住であると例外視される。ジェイコブズは、そのような誤解は住戸の高密と住戸内の過密が混同されるからであるという。ニューヨーク市ブルックリン特別区で最も人気のある近隣であるブルックリンハイツは特別区内で最高水準の住戸密度となっている等、実例をいくつもあげる。『明日の田園都市』の著者であるエベネザー・ハワード(3)がロンドンの建て込んで不衛生で危険なスラムをみて、人々を救うには都市生活を捨てなければならないとした時代と今は違うともいう（これには誤解があるが）。高密と過密の誤解が顕著に現れているのがスラム再開発であり、問題を悪化させていると、ジェイコブズはいう。なぜなら、再開発により住戸密度は抑えられ、かつ収容人員は減るので高密でなくなり、一方、追い出された人々は他所で過密を悪化させるからである。ただし、住戸密度が高すぎると建物の規格化が起こり、多様性を抑圧する。密集を過密とは明確に区分してその効用を説き、スラム再開発が現地から高密を排除し、他所には過密を招来させることを彼女は的確に考察しており、これらの内容は現在のコンパクトシティ論にもつながる先駆性がある。

◉規模の多様性破壊

第二部の最後は「多様性をめぐるいくつかの妄言」であり、多様性は混沌でなくそれは極めて発達した秩序形態を示すものだとされる。たとえば、用途の均質性（一種の秩序である）は単調性を避けるための混沌との線引きでジレンマに陥りやすい。その点で、用途の多様性は目にも面白く、たとえばニューヨーク五番街の四〇〜五九丁目では用途ごとの違いが、建物の年代と技術・歴史的な趣味の違いによって凄まじく多様でありながら、全体は驚くほどまとまっているとされる。そして、多様性の欠如ほどの被害を都市地区にもたらす合法的で経済的方法はほかにないとする。また、その場合の用途で問題となるのは種類ではなく、規模だとする。その上で、ジェイコブズはオーソドックスなゾーニング理論ではそのような問題を全く認識していないと非難する。多様性を混沌ではなく、極めて発達した秩序形態（自己組織化）だとする考えに、複雑系の科学として注目されるより三〇年前に到達していたわけである。

第三部「衰退と再生をもたらす力」は第13章から第16章にわたる四つの章からなり、第一部と第二部を受けて、多様性の拡張と縮小の影響に関するジェイコブズの見解が披露される。

◉多様性の自滅

まず、都市の成功をもたらした多様性が、その成功のゆえに自滅する傾向を取り上げる。たとえば、混合用途が並はずれて有名になり、立地をめぐって激しい競争が起きた場合の勝者になるのはごく一部の最も収益性が高い用途に限定される。しかも、それらの用途が繰り返し立地するので、収益性の低い用途を押し出してしまう。結果として、支配的な用途は一つか二つ現れるが、このプロセスは経済的・社会的互助性という極めて複雑で成功していた有機的組織体を破壊するとされる。また、多様性の成長が進みすぎる場合に、新たな多様性の追加は既存の多様性との競争になり、取り除かれるのはわずかな同一性であり、実質的な多様性の追加にならないことがある。このため、一カ所での過剰な複製を阻止して、それが健全な追加になるように別の場所に立地させる必要があるとされる。別の場所への配置には、の三つの手段の組み合わせが有効とされる。①多様性のためのゾーニング、②確固として立地し続ける公共建築物、③競合する代替立地、である。多様性のためのゾーニングは、現状の用途に変化や交代が起きるときに、それが一種類のものばかりとならないようにすることである。たとえば、高層オフィス・アパートの過剰な複製で囲まれた公園には、その南側を低層建物向けゾーニングにすることにより、ある程度まで周囲の用途を守れるとともに、公園に冬の陽射しを確保できる副次効果も期待できるからである。その際、高度利用を阻害されることとなる土地への税制上の調整が必要とされる。二つ目の確固として立地し続ける公共建築物とは、近隣の多様性維持のために自らは収益性の高い用途への転換を行わず、地域全体の価値をより高めることに貢献するために踏みとどまる公共建築物（例としてカーネギーホールをあげている）のことである。三つ目の競合する代替立地は、都市地域が自滅しないために多様で活気ある経済的に持続可能な都市地域を他地域にも増やし、過剰な複製への防御とすることである。多様性がもつ特性とその負の影響の阻止手段が提示されるなど、鋭い考察と現実的な手立てが語られている。

◉多様性を阻害する境界

都市における大規模な単一用途は境界をもち、隣接地域を破滅させやすいと、ジェイコブズはいう。

境界は都市街路の利用者にとってはほとんど行き止まりの場所になりがちであり、ある一画の用途を大規模に単純化しすぎると利用者が減少し、その人達の目的の種類や目的地の数が減る。このため、隣接地域の用途も単純化する傾向があり、しかも悪循環に陥りやすいからである。境界の利用が乏しい理由（事例）としては、そこを通行する人が一方通行でしかないことや、低密度な大規模工業団地が周辺地への利用の乏しさをもたらす例があげられる。ただし、境界がもつこの地区分離効果はかならずしも有害であるわけではなく、問題となるのは地区が分断されてその機能を十分に発揮できない場合であるとされる。この問題の解決案について、ジェイコブズはセントラルパークを例として、公園の奥深いところにある回転木馬等の施設を公園の境界部に配置し、公園と街路をつなぐことを提案する。計画的な歩行者専用道路についても触れている。彼女は歩行者専用道路をタウンセンターに配置することには賛意を示すが、それを断片的な領域まわりにつくると「境界」になるという。現代の都市計画プランナーがこの点についてどこまで考えているか疑問を感じると同時に、現場観察からの彼女の卓見に改めて驚きを禁じえない。

◉住民多様化による脱スラム化

第15章の「スラム化と脱スラム化」は第Ⅲ部のハイライトである。ジェイコブズは、都市再開発法にはスラム住民を一掃して公的支出が少ない住民をよび戻そうとするねらいがあるが、それはスラムを移し替えただけにとどまらず、コミュニティ崩壊等の問題を追加することさえあるという。また、永続的スラムは、その場所からあまりに多くの人々が、あまりに早く出ていくことによるもので、脱スラム化の鍵はスラム住民の大部分をスラムに引きとどめられるか否かであるとされる。残る人が多くなるということは、そこが都市の公共生活と歩道の安全を享受できるくらいのスラムであり、そのようなスラムではスラムへの愛着が脱スラムを促すからである。愛着をもち、好んで残る人々には、転出者が出たあとの住戸を買っていることが非常に多いとも指摘される。住戸数は同じなのに、住民数が減るので過密解消となっているからである。さらに重要な変化として、脱スラム化しているところでは住民の経済的・教育的な面での緩やかな多様化がみられることがあげられる。そこには時に貧しかったり、無教養な移民が流れ込むことがある。脱スラム化したスラムは、そのようなよそ者を文化的に受け入れ対処できる近隣であり、これにより移民は吸収同化される。結局、成功する脱スラム化は、十分な人々がスラムに愛着をもち、またスラムにいることに実利があるからであるとされる。コミュニティ生活の理念と現実の結びつきについて具体例を交えて考察しており、体系的な方法論によっているわけではないが、社会学者ロバート・パットナム(4)のコミュニティ調査にも匹敵するかのような成果を上げている。

◉少額融資による脱スラム化

第三部の最後では、資金(経済)的な面から都市への影響を考察している。資金には、(再)開発住宅地や事業物件向けである民間の抵当ローンないし政府系機関による公的融資等のように一挙に大量投入されるものと、主に既存施設の再利用(改修)に少額資金(小口融資)が徐々に投入されるものとに二分類できるが、両者は都市への影響において大きく違うとジェイコブズはいう。まず、前者の資金が信用当局の貸し渋りにより枯渇すると、起こる必要がなかった都市衰退を起こす負の影響を与えやすいことが指摘される。それは融資の審査にあたり、貸付側は融資先不動産が自治体のスラム取り壊し対象地区と同じである、都市地域の融資ブラックリスト地域に該当するか否かの基準のみで融資を判断し、融資を受ける個人に事業意欲と能力があっても関係ないからである。したがって、スラム地区の脱スラム化は叶わないものとなる。ところが、都市地域を従前とは全く異なる（多様性のための四条件を満たさない）大規模再開発や郊外開発とする場合には巨額融資が受けられる。一方、後者の小規模事業者の資金調達は、個々の事業者の能力や改修計画を個別審査して可否を判断する、ごく一部の銀行等によりはじめて可能となる。この資金によってはじめて、緩やかな変化による多様性の創出を導くことができるとされる。スラムクリアランスにおける政府資金の影響についても述べられる。スラムクリアランスでは莫大な助成金が注ぎ込まれること、土地収用の場合には地上げを物理的に可能とすると同時に補助金がついて、財務的にも大規模資金の調達が可能となること。悪徳業者（土地所有者）は収用補償金を用いて、スラム化をもくろむ地域の不動産をあらかじめ（安く）買い、そこが収用されると一層資金を増やすことができることが指摘される。この章でも現場の観察から、現在のマイクロファイナンス（マイクロクレジット）に通じる緩やかな資金（調達）の重要性とそれが現実には不足することが五十年前にすでに指摘され、スラムクリアランス制度についても、制度的不備とそこに潜む負の側面が鋭く考察されている。

第Ⅳ部「様々な戦術」は第17章から第22章の、六つの章からなり、第Ⅲ部までの論を受けて、都市問題に対するジェイコブズが考える都市計画（政策）論が披露される。

◉市場とコミュニティ尊重の住宅補助制度

まず、住宅補助への広く受け入れられている誤解と、それが住宅問題の解決策としては誤用であると指摘することからはじめられる。その誤解とは、住宅補助が必要な理由は民間事業では収容できない住民に住居を与えるためであり、補助が必要ならその住宅は（所得によって分けた）近隣（住区）に分けた都市計画に従ってつくられるべき、という（モルモット扱いする）ものである。しかし、それでは有機的な組織としての都市の消失を招くことにもなるとされる。また、このような公共住宅は経営に規律が欠けがちであり、一方で民間家主の経営を圧迫する難点がある。これに代わる方法として、日本における特優賃制度の原型のような「賃料保証方式」が提案される。政府関係機関は民間施主が指定地域と入居者資格を満たすことを条件に、融資の保証と賃料の保証をするものである。これにより、入居者は対等な取引当事者になり、民間家主にも脅威とならないとされる。また、大抵の場合に土地収用権の行使がないために、（非自発的）補助金が不要になるメリットもある。所有者がそこに住めば、新たなメリット（良好な環境維持のインセンティブが働きやすい）も期待できるとされる。その上で、既存の住宅補助に代わる制度が必要なのは、都市建設の新しい目標とスラム克服や都市の多様性維持のための戦術が求められていることによるとされる。全般的にも市場重視とコミュニティ尊重がバランスのとれた主張となっている。

◉利便性の低下による自動車削減策

自動車問題にも独自の見解を披露する。まず、自動車は本質的に都市の破壊者でないと、ジェイコブズは主張する。特にトラックとバスは、都市の強度と集積度を示す重要な指標であるところの効率性の観点からみてほとんど問題ないと、彼女は主張する。そして、人々が自動車問題を自動車と歩行者との戦いととらえて、歩車分離策を望むが、これは都市での自動車利用台数が劇的に減少することを前提としたもので、現実的でないとされる。さらに、都市へのアクセス向上による自動車利用者の増加は公共交通機関サービスの減少分を常に下回り、地区の利用者総数の減少をもたらすので、自動車の削減には自動車自体の利便性を低下させることしかないと主張される。その具体例の一つとして、ジェイコブズは歩道の拡幅と車道幅の減少策を提案する。妥当な見解であり、提案である。

◉視覚的不規則性と中断がもたらす形態的秩序

前章までは、都市の多様性を主に機能的側面からみた秩序として考察されていたが、第20章では、これが形態的側面から取り上げられている。ジェイコブズは多様性という、極めて発達した秩序形態が理解しづらいのは、人々に視覚的混乱があるからだが、だからといって都市デザイナーのようにはっきりした骨組みを表すデザイン装置(たとえば高速道路や遊歩道)を見い出そうとするのは間違いだという。例として街路を取り上げ、その前景の視野の活気を優先すると、広い視野の果てのなさは余分で不快な要素と感じ、逆に広い視野を優先すると、前景の活気は余分で不快な要素と受け止め、そのジレンマ解消が必要だとされる。そのための方法として、都市の場面に視覚的不規則性と中断(視覚的障害物)をもち込むことが提案される。これを格子状の街路パターンにあてはめ、格子割り街路の間隔が遠すぎるところに街路を追加するか、街路を分断する公園・広場を囲むように配置する例などが多数あげられる。また、ケビン・リンチ(5)に倣い、ランドマークやノードも都市の形態的秩序を明確にすることを具体の事例によりながら説明される。第9章の「小さな街区の必要性」を補完しようとする意図があるのかもしれないが、やや具体性に欠け、あまり狙いを達成していることはいえない。

ジェイコブズのスラムはプロジェクト（project：計画的開発地の意味で使われている）を指し、プロジェクトこそが四つの条件を満たさない典型と考えていて、そこの救済策を第20章で提案する。まず、彼女は、緊急性を要する低所得者向けプロジェクトの救済の前提として、プロジェクト単体で扱うのではなく、十分な一貫性と大きさをもつ地区全体の問題として扱う必要があるとする。その上で、脱スラムのための多様性確保には小規模街区、居住以外の用途導入、賃料保証住宅、仮設施設が有効と彼女はいう。ついで、中所得者向けプロジェクトは、プロジェクト外部に対して閉鎖的であって、低所得者向けプロジェクト以上に対応が厄介だという。低所得者向けプロジェクトへの対応策の一つとしてジェイコブズが提示する仮設施設（屋台）等は日本でも一時大ブームとなったフェスティバルマーケット開発に多用されており、彼女のアイディアの冴えを感じる。しかし、中所得者向けプロジェクトへの対応策は、多くの事例を交えての提案であるが、話を広げすぎていてややあいまいとなっている。

◉地区行政の優位性

大都市の行政機関における都市計画部門の難点を考察した第21章は第Ⅳ部で最も秀逸な章といえる。まず、自らの公聴会への参加の経験から、内部だけですべての事案がすでに決まっていたり、複雑な問題に取り組まないことに落胆するが、行政機関の活気と真剣さをジェイコブズは評価する。彼女はその理由として、行政官が頼る組織構造が時代錯誤になっているだけで、彼ら自身の代わりをできる人はいないことをあげる。そして、その組織構造がもたらす都市の解体に対抗し、都市に活力をもたらす都市計画の目標として、①用途や人々の多様性の幅と質の刺激、②街路近辺の持続的なネットワーク化、③内外の十分な接触と地区と人々の一体感、④スラムの脱スラム化、⑤多様性の自滅と資金の集中投下を建設的な力に変えること、⑥視覚的秩序の明確化、の六つをあげる。行政機関の内部部門については、それが一つ一つは合理的でもこれらをひとまとめにすると、大都市では大混乱となるのに小都市ではそうならないとジェイコブズはいう。小都市では管理責任者が自分の専門と地元の、二つの専門家であるため、一貫性があって容易に調整できるという理由からである。大都市では特に都市計画委員会にその弊害が多くみられるとされるのは、都市計画委員会がフィジカルプランの調整役にすぎず、それ以前につくられる都市計画の暫定案の段階での調整にかかわれないからであり、結果として都市計画委員会は都市の解体と過剰な単純化のための道具になっているからである。これに対し、行政区を単位とする地区行政については、その複雑性に対応した中央集権的構造体として高く評価する。その行政区の適切な規模は一辺が二・五キロメートル以下、人口で五〜二〇万人の小ささだとする。研究者であれば膨大なデータを収集し、適切な手法(モデル)により分析するところを、自らの運動(活動)経験からのみから的確な考察を行う。彼女の面目躍如というところである。

最終章では、都市は生命科学と同じように組織だった複雑性の問題だとし、(複雑性の科学は)都市計画の分析・処理にもヒントを提供してくれると主張される。その方法には、①脱スラム化、多様性の生成等の、プロセスとして考える、②都市は個別性が強く、一般論からは個々の事柄が意味する筈のことを示すことができないので、個別事象から一般へと帰納的に考える、③近年、マーケティング・リサーチ等の分野で注目される、外れ値に着目するデータマイニングに通じる、非平均的なヒントを探し、システム内に起きている事態を知ることができないかと考える、の三つの点に特徴があるとされる。そして、最後の最後に、大都市には山ほど問題があるが、活気ある都市はこの問題に取り組むのに必要なものを理解し、意思疎通し、考案し、発明する素晴らしい能力が備わっていると明るい展望を示して全巻を締めくくっている。

3-2 「公」・「共」・「私」空間にまたがる社会システム論

ジェイコブズの既存の都市計画家への厳しい批判は、当時の都心環境や再開発行政に不満をもつ人から絶大な支持をえた。また、彼女の主張はその後の混合開発や修復型開発に大きな影響を与えており、既存の都市計画家等も反発はするものの、これまでは明らかにジェイコブズに優位さがあるようにみえる。近年ではこの都市（再生）計画は社会システムとして、公「政府・政策」中心のシステムか、共「コミュニティ」中心のシステムか、私「市場」中心のシステムかで、公共哲学分野では最もホットな問題であり、「アメリカ大都市の死と生」でもこの三つの分野をカバーしていることに読者は気づくだろう。そこで、ジェコブズの都市にかかわる（公的）計画（政策・政治）観、市場観、コミュニティ観を眺めてみることにする。

◉現実的な計画観

最初に計画観からはじめよう。ジェイコブズのスラム再開発への批判は経済学的には政府の介入による政府の失敗への批判とみなすことができる。彼女はスラム再開発によるスラム住民一掃によっても当局が狙うような、より高い所得階層の住民をよび戻せず、単に、スラムを他所に移し替える結果にしかならないと批判した。実際、多くの都心居住者が郊外へ脱出し、都心空洞化が進行した。そもそも、ジェイコブズの批判の対象は、開発当局あるいは実際に実務を担当する都市計画家の多くが、都市に住むことの最大の利点である多様性をほとんど無視している点にある。しかし、創発(emergence)(6)状況をつくり出す多様性を生み出すには偶然(突然変異)要素を取り込む必要があるが、これは計画では対応できない要素である。C・アレグザンダー(7)は漸進的計画とすることでこの多様性を確保しようとしたが、確保できたのは不確実性への対応(ルール化による不確実要素を減らすこと)であって、偶然要素の能動的取込みには全く無力である。計画が無力であるとすると、自然発生(自生)的・市場メカニズム任せの対応となるが、自然界と異なり都市が計画なしで運営されていくとはとうてい思えない。都市とその住民にはアイデンティティがあり、目標をもって生活している。アイデンティティ確立と目標達成には計画が必要である。この点で、多様性を生み出すための四つの条件は、都市の計画での目標としての意味がある。しかし、どうすればその条件を満たすことになるのかについてジェイコブズはほとんど何も答えていないのに等しい。計画の実施には目標以外にそのプログラムと実施体制が必要である。たとえば小さな街区の必要性という条件がプログラム的にどうすればよいのかの回答はなく、単にそこに人が集積するのはスーパーブロックでないといっているだけである。一方、そこですでに生活する人々によって小さな街区がもつ意味は異なり、これは計画を超えた要素として扱わざるをえないものである。実施体制に関しては、彼女は財政評価委員会公聴会や行政地区に対しては高く評価しているので、計画の必要性を認識しているのはまちがいない。

ジェイコブズによる都市計画（制度）への激しい批判については、自由市場主義者ハイエク[8]との共通点を指摘する向きがあるが、ジェイコブズ（実はハイエクも）は決して都市計画そのものを批判するのではない。彼女自身は、田園都市派プランナーにみるような、都市の良さを否定するとされる計画推進勢力（たとえば、当時のニューヨーク市土木部長ロバート・モーゼス）については批判したが、多様性のための四つの条件を満たす都市計画については支持（推進すべきと）したのである。ジェイコブズは特定の都市計画事業を批判したが、都市計画事業一般や都市計画規制一般を批判したわけではないと考えるべきである。さらにいえば、ハイエクさえも「都市計画に賛成すべきかどうかではなくて」、「用いられる施策が市場を補完し、かつ援助することになる」ものは有用であり、「価格機構を不要にし、中央の支配にとって代わらせようとする動機がもとになっている」ものは無用であり、「実際に実施されている都市計画の多く、特に個々人の活動の調整に果たしている価格の役割をまったく理解していない建築家と技術者によって実施されている都市計画の多くはこの種類に属する」とし、都市計画の必要性については認めている[9]。ましてや、ジェイコブズは、となる。実際に、『死と生』第13章で、「多様性のためのゾーニング」でその有用性が説かれているのをはじめ、処々でその必要性が直接・間接に主張されている。

●融通無碍な市場観

次にジェイコブズの市場観を概観してみよう。彼女はスラム再開発等での政府の公的介入（助成や収用権行使）に批判的であったが、彼女を特別な市場重視派とみる人は少ない。実際、スラム問題が大きな都市問題ではなくなった八〇年代以降、彼女がかつて住んだグリニッジ・ヴィレッジがジェントリフィケーションによる家賃高騰等から既存住民や事業者が立ち退きを余儀なくさせられる事態が生じた。このような事態を（招いた市場メカニズムの過剰反応性を）ジェイコブズは快く思わなかったといわれる(10)。また、『死と生』の後に出版された『都市の原理』や『都市の経済学』では、表面的には（都市の経済活動の場としての）市場のダイナミズムに大きな意義を見い出しているようにみえる一方で、本書第16章での市場の権化ともいうべき金融機関への不信感にみられるように市場に対し懐疑的な面もあり、そのスタンスは不明確である。さらに、計画観の項と同様に、ハイエクによる市場での「自生的秩序」と、ジェイコブズによる都市の多様性の「極めて発達した秩序形態」に共通点を指摘する論があるが、ハイエクの市場観は徹底した個人主義の立場に立ち、その個々人が知り得た情報（知識）を活用し、競争が十分働くことを効果的に行う価格決定・資源配分の場であるという明確なものである。これに対し、ジェイコブズの「極めて発達した秩序形態」はコミュニティを対象とし、そこでの住民活動や土地利用にみられる秩序をさすもので、市場観にかかわる要素は基本的に含まれていない。つまり、彼らの考える二つの秩序には共通するものがない。このようにジェイコブズの市場観は明確ではなく、あえていうと融通無碍《むげ》といったところであろうか。

●都市型コミュニティ論のパイオニア

通説では、都市は見知らぬ人々がお互い干渉せずに生活できることが利点であるから都市にはコミュニティは成立しにくいとされる。ジェイコブズによれば、活気のある都市コミュニティには公的信頼網（のキーマン）を通じた、周囲の人々との間で様々なレベルの交流や助けを得たいとの願いと、自らのプライバシーとがバランスよく存在し、これが街路という公共空間をとおして経済的な活動をはじめとする多様な活動を生む発生装置になっていると主張される。彼女の都市コミュニティ観は以下の記述に最も明瞭に示されている。すなわち、「地元レベルの何気ない市民交流の総和が―ほとんどは突発的で、なんらかの雑用のついでで、すべて当の本人が加減を決めたもので、だれにも強いられません―公的アイデンティティの感覚であり、公的な尊重と信頼の網であり、やがて個人や近隣が必要とするときに、それがリソースになるのです。信頼の欠如は、市街地においては惨事です。その育成は制度化できるものではありません。何よりも、それは私的なかかわりがないことを示しているのです」(11)。このようなコミュニティ観は、現在では都市型コミュニティとして都市社会学の分野では確立した概念として定着している。

さて、前節の簡単なレビューからも分かるように、『アメリカ大都市の死と生』は、社会学や都市経済論さらには生命科学の分野において注目される理論や概念の先駆けをなすテーゼや独自主張が盛り込まれている。そこで、以下ではコミュニティ論、計画論、市場論の別に、主要なテーゼを取り上げ、その先駆性をみる。

◉公人に着目した都市型コミュニティの本質の解明

市場の失敗と政府の失敗のいずれもが起きがちな都市問題にはコミュニティでの対応が有効なことが指摘されている。しかし、コミュニティにはコミュニティの失敗があるとするのが定説である。すなわち、コミュニティを特徴づける持続的な人的交流は比較的小規模であり、交流する仲間を選り好みしようとする傾向があるために、広範な交流からの利益が得難いことになりがちである。また、コミュニティの構成員は同質的になりがちで多様性が損なわれる。さらに、コミュニティの内部者と外部者の区別が厳しく、偏狭な人間関係を助長してしまう傾向があるとされる。ジェイコブズは、田園都市派プランナーが「一体感」なる仕掛けをもち込んでこの問題を解決しようとし、結果的に一種のコロニーをつくることになり、一体感を共有できない人々は排斥されてしまうことを日常の観察から喝破する。一方、ジェコブズの都市コミュニティでは、都市に集まってきた見知らぬ人同士が過度に干渉することなく、街路を通して公的な信頼網による交流が生まれ、そこから多様な経済活動とその関連活動がもたらされるとされる。これを、食品雑貨店主ジョー・コルナチーアが友人・客の鍵を預かり、菓子屋ジャッフェが子供・客への世話を焼く、公人（public character）の事例で生き生きと説明する(12)。ジェイコブズは、ジョーが鍵の管理者として街路近隣の住民から選ばれたのは「かれが私たちの私的な事柄には個人的責任はないという思いと善意を合わせもっていると知っているからです。ジョーは私たちがどんなだれをどんな理由で招き入れようと、自分には関係ないことだと考えている」とし、ジャッフェが「同じ興味をもつ二人の客が同じときに居合わせたなら、話題をもち出して、二人が望めば話が続けられるようにすることはあります。でも、いや、紹介はしませんね」として、これこそが都市コミュニティの神髄であることを例証する。このコミュニティは前述のロバート・パットナムのコミュニティとは明らかに異なる。彼のソーシャル・キャピタル論における地域コミュニティよりも積極的意味をもたせた都市コミュニティを、彼よりも三十年以上前、今から五十年前に、ジェイコブズがそのようにとらえていたことに驚きを禁じえない。

『死と生』は何といっても、多様性をキイファクターとするまちの賑わいを主に経済的な意味から考察し、その達成・維持のための物理的・社会的・経済的条件を論じる。上記コミュニティ論は社会的条件にかかわるものである。しかし、多様性のための四つの条件がもっぱら注目されて以来、都市の計画論と位置づけられることが多い『死と生』であるが、実際には都市の計画を経済的側面から論じた都市の経済論でもある。本書第6章のインタビューでも、都市へ移りたての貧しい人々が、手押し車による街頭販売等で生計を立て、大都市の生活を学び、それに同化する例でビジネス（経済面）の重要性が述べられている。逆に『都市の原理』の将来の建設業における生産方式の項で、現在いうところの小規模連鎖型（日本の制度要綱のそれではない）で修復型の再開発を、将来（主流となる）の建設業における生産方式に相当すると鋭く洞察されているが、この部分は都市の経済を都市計画の側面から論じた、都市の計画論にもなっている。すなわち、都市の計画と都市の経済が一体的に論じられている。この点は、この後の第4章で再度取り上げる。この都市の経済論（学）にも主に都市型産業や都市型社会集団を論ずる産業論・人的資源論タイプと、主に都市の経済活動の空間的相互依存関係や空間価値と近接性のトレードオフ関係を（モデル）分析する空間論タイプの二つがあるが、まず、後者の都市空間（システム）にかかわる経済論のオリジナリティを検討してみる。

◉独自の空間概念とプロセス分析

都市空間（システム）論であることを論ずる前に、ジェイコブズの空間概念をまず検討しておこう。前出、クラレンス・A・ペリーの『近隣住区論』に基礎をおく、オーソドックスな都市計画では、街区→地区→地域→地方等の平面的拡大レベルのみで都市空間をとらえる。しかし、ジェイコブズの都市空間（都市近隣）概念は、治安機能等をもつ「街路近隣」、コミュニティと人々を結びつける総合・統合化機能をもつ「全体としての都市」、この二つタイプの都市近隣間のネットワーク機能を果たす「都市地区」の、三つからなる質的・機能的な面で重層・依存関係にあるネットワーク構造と考えている極めてユニークなものである。ジェイコブズの都市空間論は、（主流派経済学者のように）モデル分析をしない以外にも既成の都市空間論とはいくつかの点で違いがある。大きな成果の一つが、多様性の自滅にいたる立地をめぐる競争のプロセス分析である点と、多様性追加に関する現実的な手立ての提案である点であり、彼女独自の都市空間システム論になっている。たとえば、並はずれて有名となった地域での激しい立地競争の結果、ごく一部の最も収益性の高い用途が繰り返し立地するので、収益性の低い用途は締め出されて多様性は自滅し、あるいは多様性が進み過ぎると、多様性の新たな追加は既存の多様性との競争になり、実質的な追加にならない、とされる。多様性追加の手立てとしては、単一用途を阻止するゾーニング、永続立地する公共建築物等をあげる。この種の知見は、『死と生』執筆当時の経済学では引き出しえなかったものである。もちろん、まちの賑わい（都市の成長）をもたらす多様性のための四つの条件を自らの観察のみから引き出した点が彼女の最大の成果である。

◉先駆性の高い都市型産業・人的資源論

ジェイコブズの産業・人的資源論は、都市を舞台とした経済活動の活発さをミクロレベルでダイナミックに記述している点で独特である。たとえば、ボストンのノースエンド地区では、金融機関の融資から見放された事業者が開業にあたり友人の地元建設業者からの労務の無償提供・物々交換等によって自己資金のみで済む施設改装をなしとげ、あるいは地元の変り種の金融機関が立地場所（担保価値）のみによらず、個々の事業者の能力・意欲から融資を判断することがあることが紹介される。前者はR・フロリダのクリエイティブ・クラス論(13)にもつながる人的資源論でもあり、後者は都市型産業論であって、現在のマイクロファイナンスに相当する活動を五十年以上前に認識していたことを意味する。また、脱スラム化したスラムを例に、そこでは「コミュニティと関心のある住民を結びつける総合性」が生まれ、あるいは「住民自体の自己多様化」が進行し、さらに、活気ある都市は多数の機能や複雑な「相互作用」から生じるとされる。これらの多様な経済活動にともなう都市の発展は混沌でなく、それは極めて発達した秩序形態を示すものだとジェイコブズはいうのだが、これは「自己組織化」を指すものと理解できる。後者の相互作用は前出の「創発」を論じている。多様性の重要性を創発・自己組織化・進化原理を扱う複雑性の科学が生まれるはるか以前、物理モデル全盛だった時代にほぼ同じ観点から論じている点は驚きである。モデルの単純化のために均衡を重視する主流派経済学に対し、そこで軽視される発展概念が特に必要とされる都市経済の（ダイナミックな）モデル化にとって、ジェイコブズのこの集積システム論は重要な手がかりをもたらすものである。

3-3 都市計画の実践論とその論理的基礎への貢献

ジェイコブズはスラム再開発プロジェクトへの反対運動を通じて、それが当局のスラム住民排除および財政への貢献が期待できる住民を郊外部等からよび戻す狙いとは裏腹に、単にスラムを移し替えただけであることを主張した。同時に、自らが居住するニューヨークをはじめ、アメリカ大都市における主に街路を舞台とした生活を自分の目でたしかめることにより、都市が賑わうための空間的条件を明らかにし、本書に著した。それは、既存の都市計画（家）と全く正反対の観点からとらえた都市計画の書として、出版後五十年を経た今日にいたるまで高い評価を受け続けている。そこで、本書が都市計画分野に果たした貢献を再検討してみよう。

◉生活者の視点からの都市計画批判

まず、既成の都市計画家による機能主義に立った都市計画・再開発プロジェクトに対し、ジェイコブズはこれを生活者の視点から批判したことである。彼女は都市を極めて高度な「組織だった複雑性をもつシステム」ととらえたので、それを理解しないで単純な関数関係としてとらえがちな都市プランナーによる都市計画・再開発プロジェクトは新たな問題を引き起こすだけと批判した。生活者にとっての都市の魅力はその多様性がもたらすまちの賑わいである。ジェイコブズはこの賑わいを生むための空間的条件とコミュニティの役割を現場の観察から明らかにした。通常、専門家の観察はある仮説に基づいた特定の視点から分析的な知見を引き出すために行われるが、都市を「組織だった複雑性をもつシステム」としてとらえる彼女は、現場での観察を総合的な考察を引き出す手段とするのである。これは既存の専門家にはなかなか取りえない点であり、彼女が偉大なアマチュアとよばれる理由の一つでもある。

◉実践論への論理的基礎の提供

具体的な都市計画への貢献では、ジェイコブズが都市の良さを引き出す空間的条件として、多様性という価値基準をもち出し、その基準を満たすために必要な街路での安全性、住民の触れ合い（ネットワーク）、子供の溶け込ませ等にかかわる四つの条件（混合一次用途の必要性、小さな街区の必要性、古い建物の必要性、密集の必要性）を具体的なまちの観察から導き出して提示したことが第一にあげられる。また、多様性確保には用途より規模が問題になること、用途を単純化すると、隣接地の用途も単純化し、利用者が減り、目的の種類や目的地も減る悪循環となること、などの専門家では見落としがちな大都市における都市計画の設計条件を明らかにした。

次いで、小都市の都市行政（計画）の責任者は自分の専門をもつと同時に地元を熟知する（地元の専門家な）ので都市計画に一貫性が組み込まれるが、これは大都市の都市行政の専門家には叶わぬ点だとジェイコブズはいう。都市行政責任者（都市計画家）には都市近隣概念による統一的認識による関連部門間の一貫性が極めて重要であることを指摘するとともに、そのような一貫性が期待できない大都市の都市行政（計画）には、地元に精通する住民の参加が不可欠なことを示唆する。元来、まちづくりは住民が主役で住民のためのものであるという、住民参加型まちづくりの建前論に加え、その実質的な意義に関する論理的基礎を提供するものであり、都市計画分野への極めて重要な貢献とみなすことができる。

さらに、ジェイコブズはスラム再開発がスラム住民を一掃し、公的支出の少ない住民をよび戻そうとしても、スラムを移し替えるだけで、当局の狙いは全く達成できないとして従来のスラム再開発を切り捨てる。その上で、脱スラム化には都市の公共生活と歩道の安全を享受できるくらい活気があることが条件であるが、そのような状況にあると、愛着をもって残る人は空いた住戸を買うケースが多く、結果としてスラムに残る人が多くなると…、①過密の解消、②コミュニティ内のネットワーク、③住民の自己多様化、が進行するとされる。都市計画とコミュニティの関係に重要な知見を提供するものであるが、ここでも、従来のやり方や既存の言説にとらわれずに、自ら観察し自らの頭で考えるジェイコブズらしさがみて取れる。

◉対ハワード批判または田園都市派プランナー批判？

ジェイコブズは『死と生』の冒頭において、この本は正統派都市計画や再開発を形成する原理や目的に対する攻撃だとして、田園都市派プランナーおよびその象徴ともいうべきE・ハワードを、いたるところで批判している。そこで、その批判点をとおしてジェイコブズの都市の計画論についての今日性を再検討してみる。

まず、ハワードの都市計画を（権威主義まがいの世話焼き）父権主義的だとする批判点を検討してみよう。ここで、批判の対象としているのは、ハワードによるニュータウンへの住民誘致に関する好ましい社会階級編成（構成）の検討や、彼らの就業確保まで面倒をみようとする世話焼きぶりについてである。これは、ハワードの田園都市計画が次の三つの提案を結合したものであるとするうちの、主に（1）と（3）にかかわるものと考えられる。この点は大都市の自立した住民とその文化生活の享受を前提とするジェイコブズの計画観とは大きく異なるからである。

（1）E・G・ウェイクフィールドとA・マーシャルによる組織的人口移住運動の提案
（2）T・スペンスとH・スペンサーによる土地保有組織の提案
（3）J・バッキンガムのモデル都市の提案

ハワードがこれらの提案を参考にしたのは、事業家として、田園都市という全く新しい概念のニュータウンへ実際に住宅や工場用地の購入者を見つけ出してこなければならず、マーケティングの観点からのヒントとして利用したにすぎない。ウェイクフィールドの提案は健全なコミュニティ形成の参考として、マーシャルの提案は移住者への働く場の提供（とそれによる住宅購入資金の確保）の重要性認識のヒントとして、である。（3）のバッキンガムの提案の中にも、農業コミュニティと工業コミュニティの結合による協同作業にあたり、競争を根絶し、酒・麻薬による不摂生を除去するために、単一組織（大企業）を設けて庇護する、父権主義的計画と思える面がある。この点に関しても、ハワード自身はコミュニティの結合は参考にしたが、厳格な組織の結束に拘束されるバッキンガムのそれとは全く異なる（自由結合で、個人的・協同的仕事・努力の変化に富んだ組織形態である）と否定している。それでも、ハワードの田園都市計画は事業を成功させ、まちとして継続して運営できるように様々な配慮がなされている点が父権主義と受け取られるのかもしれない。結局、父権主義ではないものの、都市計画の方法論としては単一の計画主体による合理的総合的都市計画のレベルに留まり、アドボカシィ・プランニング（14）レベルのジェイコブズに後れをとっている。ただし、この点はジェイコブズも認めるように、一九六〇年前後とハワードの時代（さらにその約六十年前）とでは大きく異なり、「あと出し」優位なのでこの比較はフェアとは決していえない。また、大都市と田園都市（ニュータウン）とではコミュニティの質が異なるので、両者を同じ観点・基準で論ずるのは適当でない。大都市の複雑で多面的な文化生活が田園都市にないことの批判についても同様なことがいえる。

◉ハワードとの違い――①競争観

こうしてみると、ジェイコブズはハワードの都市計画論を継承した田園都市派プランナーやデザイナーが、大都市にも田園都市のコンセプトをもち込んで都市計画を行っていることを批判していたはずが、勢いあまって郊外ニュータウン（田園都市）の計画者・事業者であるハワード批判になってしまった側面があるように思われる。都市の機能に対する考え方についても、ハワードがバッキンガムに倣い、農業と工業および住居の三つに機能限定し、分離配置を行い、自己完結する静的な計画としていることをジェイコブズは批判するが、この点も父権主義批判とほぼ同様なことがいえる。たとえば、バッキンガムは娯楽機能にかかわるパブを否定する（禁酒運動）が、ハワードは一定の制限を付した上でこれを容認し、また、郊外ニュータウンの市場環境を配慮した機能・業種の導入を計画しているからである。このように、大都市と郊外ニュータウン（田園都市）は様々な点で異なるので、両者を同じ観点・基準で論ずるのは適当でない。

ここで、注目したいのは競争の場に関する認識と競争に対するスタンスである。ハワードの事業者間の競争に対する基本スタンスは実践的（現実的？）である。彼は、製造業者は近くに同業者をもちたがるので複数の業者を競合させるが、小売業者については独占による弊害を避けた上で、一業種一事業者に限定し、共倒れを回避しようとする。実態に即した現実的な対応を取るが、ジェイコブズよりハワードのほうが、競争を同一機能・用途内でとらえている点で競争の場が限定的であり、競争を計画で制御しようとする点で消極的なように思われる。一方、ジェイコブズの機能・用途に関する競争観は少なくとも（後の『都市の原理』や『都市の経済学』にくらべ）この時点では明確でない。多様な用途間での競争を想定するが、その競争が激しくなると（収益の低い用途は締め出されるので）多様性が減少するとしてやや観念的ながら競争に否定的（？）のようにもみえる。結局、用途の多様性をめぐっての競争の場はハワードより広くとらえていることに加え、いくつかの多様性追加の方法を駆使することで行きすぎた競争を制御できるとする点（提案された現実的な手立てはやや不明瞭であるが）で、競争に対し中立的なスタンスを取っているように思われる。

◉ハワードとの違い——②コミュニティ観

コミュニティの単位と社会階層構成の考え方に対するハワードおよびその追随者へのジェイコブズの批判も痛烈である。まず、結びつきの強い小さな集落のコミュニティではまとまりのある機能的なものとなるが、そもそも都市は見知らぬ人々がお互い干渉せずに生活できることを利点とするのであるから、大都市にはあてはまらないとして居心地良い内向きのコミュニティを信奉するハワードの追随者を、ジェイコブズは強く批判する。父権主義の項でみたように、ハワード自身はバッキンガムの厳格な組織の結束に拘束されるコミュニティを否定し、自由結合を目指すものであるから、ハワードへのこの批判はかならずしもあてはまらない。田園都市構想自体については、ハワードが都市の人口集中（過密）を否定し、労働者を従来の階級・仕事にとどめて、自己多様化がもたらす活気ある大都市経済の活力を削いでいることを彼女は批判する。しかし、この点はハワードの時代とジェイコブズの時代とでは、様々な点（前提条件）が大きく異なっている（ジェイコブズ自身もこの点は認めている）のでハワードにとって酷である。また、多様性という側面では田園都市も含めた大都市圏のより広い場での、より広い意味で論ずべきで、田園都市を全く否定するのは適当でない。それでも、ハワードのコミュニティはC・A・ペリーの近隣住区論（ハワードの田園都市計画より後に発表されているが）的な生活機能と単位構成面に偏ったものであるのに対し、ジェイコブズのコミュニティは多層的で自立的な人的ネットワークの側面からとらえるもので、時代差を考慮してもハワードよりかなり先を行くものである。これ以外にも、ハワードの田園都市計画が都市における果てしのない商人や起業家の事業化への活力を恐れて、田園都市会社に事業の権限を独占させているとの批判や、問題の単純化と解決を内部のみで処理する（内部的な整合性を重んじる）都市システムを取っていることを批判する。この批判も競争観の項と同じく、ハワードの事業家の立場を考慮すれば、妥当とはいえないであろう。

ここまでのジェイコブズの批判では、ハワードの田園都市計画の骨格となる三つのうちのT・スペンスとH・スペンサーによる土地保有組織の提案にかかわる部分が全く言及されていないことに気づく。この土地所有（権）の問題を切り離して土地利用を論ずる点が、ジェイコブズの都市論の限界であり、逆に解決が極めて困難なこの問題を除いた部分で自由に論を展開できたために、全く新しい都市論を生み出すことができた側面があると思われるので、この点を最後に検討してみよう。

◉ハワードとの違い――③土地問題の取扱い

ハワードの田園都市計画は、住まいと職場を確保して、現実に大都市から移り住んでこられるようにした点がポイントである。その際、平均的な勤労者が投機的な動きに曝されることなく、住まいを無理なく取得できるとともに、以後の田園都市の運営に要する費用を地代収入で確保できるようバランスを取る狙いで、借地方式によった点が最大の特徴である。これは、土地問題の部分解ではあるが、現実の事業で一定の普遍性をもつ解決策として実施した点においてハワードの最大の貢献であるといえる。つまり、ハワードの都市計画は主に事業面に焦点を合わせたものであり、土地利用（規制面）計画の実務面は都市計画家レイモンド・アンウィンにまかせている。ちなみにハワードの想定した戸数密度は一エーカー当り一二戸だったの対し、アンウィンのそれは一エーカー当り一二戸とかなり低く設定されている(15)。これに対し、ジェイコブズはスラム（主に公的な大規模開発地）再開発でももっぱら建物を対象とし、しかもその賃借を前提とした議論に偏っている。たしかに競争が起き、最も高い収益を生む土地利用（用途）が決まる需要者側に着目したメカニズムについて言及してはいるが、供給（土地所有者）側の行動メカニズムは無視している。たとえば、古い建物の所有者が建替えにより、収益性を高めようとする行動は全く考慮されていない。つまり、ジェイコブズの都市計画は主に規制面に焦点を合わせたものであり、（土地）所有権の問題は主に公的な大規模開発地を対象とするため表面的には問題とならず、私有地については全く無視しているといってよい。土地所有（権）の問題は法制度が深く関係し、インセンティブの経済学等により、近年においてその分析の枠組みがモデルとして徐々に確立されつつあり、この点に関し一般解を求めるのは現在でも現実的ではなく、まして五十年前であったとしては無謀の一言である。このように、ハワードの都市計画は主に民間開発の事業面に焦点を合わせた合理的総合的都市計画レベルのものであるのに対し、ジェイコブズの都市計画は主に公共住宅政策と土地利用規制に焦点を合わせたアドボカシィ・プランニングレベルのもので、両者は代替関係ではなく、補完関係にあると考えるべきものであると思う。

【補注】

（1）一九八〇年頃に米国で生まれ、世界中に広まっているとされ、現在、約五万カ所あるとされる。米国の場合は、主に郊外の飛び地（enclave）で、住宅地全体を塀やゲートで取り囲み、内部への出入りを数カ所のゲートに限定して関係者以外を締め出すものが多い。富裕層が会員制でレクリエーション施設の運営や自らの子弟のためのために私立学校を設ける（多大な寄付を行う）ケースもある。治安面と資産価値の維持・向上（同一の社会階層による安定した施設運営が可能）がゲーティド・コミュニティの隆盛の大きな理由とされる。

（2）C・A・ペリー、*The neighbourhood unit*（1924）、倉田和四生訳『近隣住区論』、鹿島出版会（1975）。近隣住区は計画的につくられた住宅地を小学校区単位で一つのコミュニティとしてとらえ、店舗や公共施設等を配置するもの。近隣住区論に基づいた有名な実践例は、C・スタインとH・ライトが設計した歩車分離のラドバーン方式で知られる米国ニュージャージー州のラドバーンである。

（3）エベネザー・ハワード、*Garden City of To-Morrow*（1902）、長素連訳『明日の田園都市』、鹿島出版会（1968）。20世紀初頭に、ロンドン郊外のレッチワースとウェルウィンに、世界で最初の本格的ニュータウンを自ら構想し、事業も実施したのがハワードである。

（4）ロバート・パットナム、柴内康文訳『孤独なボウリング』、柏書房（2006）。同書では、アメリカの地域コミュニティの崩壊を一人でボウリングをする人が増えたこと等から実証的に分析している。

（5）ケビン・リンチ、丹下健三・富田玲子訳『都市のイメージ』、岩波書店（1968）。人がある都市へのアイデンティティをもつイメージ要素として、パス、エッジ、ディストリクト、ノード、ランドマークの五つをあげている。

（6）局所的な複数の相互作用が複雑に組織化することで、個別の振る舞いからは予想できないようなシステムが構成されること。部分の性質の単純な総和にとどまらない性質が、全体として現れる意味である。前出、ポラニー『暗黙知の次元』の中で、生命の発生は最初の創発であるといっている。

（7）C・アレグザンダー、難波和彦訳『まちづくりの新しい理論』、鹿島出版会（1989）

（8）二十世紀を代表するリバタリアニズムの経済学者。1944年に発表した西山千秋訳『隷属への道』春秋社（1992）は当時のベストセラーとなった。

（9）F・ハイエク、気賀健三・古賀勝次郎訳『自由の条件Ⅲ』ハイエク全集Ⅰ・7（pp.130-131, 1987）

（10）矢作弘「偶像的な偶像破壊者」『地域開発』No.503（財）日本地域開発センター（p.42, 2006）

（11）J・ジェイコブズ、山形浩生訳『アメリカ大都市の死と生』、鹿島出版会（p.74, 2010）

（12）同（11）（pp.78-80）

（13）リチャード・フロリダ、井口典夫訳『クリエイティブ・クラスの世紀』、ダイヤモンド社（2007）

（14）都市計画や法律の専門家が住民団体の依頼に応じ、住民団体の集団利益を擁護（アドボカシィ）するために、公共機関が作成した計画に批判を加え、あるいは代替計画を立案することで、その政治的影響力を補強する（運動）方法論である。

（15）秋本福雄「ルイス・マンフォード都市・地域計画論再考」、『都市計画論文集』No.43-3（2008）

第4章……都市の経済論とジェイコブズ

用途や年代の異なる建物が混在した市街地を形成するトロント市のダウンタウン
(1999.9 photo. by Tamagawa)

『アメリカ大都市の死と生』にも都市型産業論や開発資本論に通じる記述がみられた。しかしその後、ジェイコブズは世界をリードするアメリカ都市の経済的発展に関する著作として、*The Economy of Cities*, Random House（1969）、中江利忠・加賀屋洋一訳『都市の原理』（1971, 2011）、さらに *Cities and the Wealth of Nations : Principle of Economic Life*, Random House（1884）、中村達也・谷口文子訳『都市の経済学―発展と衰退のダイナミクス』（1986）を出版した。本章ではこれら二冊に焦点をあて掘り下げて解読する。

4-1 都市の経済発展論としての『都市の原理』

原題の *The Economy of Cities* には、日本語訳として『都市の原理』（以下『原理』とよぶ）があてられている。訳者はその理由として「経済をベースにしてはいるものの、社会、政治などあらゆる面にわたる分析になっているので、あえて『都市の原理』とした」とする。訳としてはおおむね適切であるが、理由としては都市の成長にかかわる条件やパターンを幅広く取り上げた都市の成長原理（産業の分化と多様化）を扱っているから、とする見方が適切のように思われる。この点も含め、章立てに沿って本書の論点を再確認してみよう。

●はじめに都市ありき

第一章では、農村が発展して都市になるという通説に対し、都市が先にあってその後に農村が生まれたとの主張が展開される。その主張にあたり、ニューヨーク（都会）の女性裁縫師が考案したブラジャー製造が、ホボーケン（郊外）へ、さらにウエストバージニア（田舎）へと工場を移した実際例と、紀元前六千年前から職人・芸術家・製造業者・商人の都市であったとするトルコ・アナトリア高原のカタル・フュクをモデルとするニュー・オブシディアンという仮想都市を設定している。後者の仮想都市では黒曜石の交易からはじまり、これに様々な仕事が追加されるプロセスを経て、農村（農耕に専従する集落）もその過程の中で都市に遅れて成立したとされる。いずれの例も「はじめに都市ありき」として通説に対するインパクトのある主張に仕立てることを狙ったものである。しかし、この章は、第2章以下で展開する新しい仕事が古い仕事に追加され、産業の分化と多様化が進展する、そのはじまりの場である都市をどのようにとらえているかを述べる役割を担うものと考えられるが、この目的のためには、『原理』巻末での都市の定義を述べれば足る（成長のような多義的な用語を使っていてかならずしも適切とは思えないが）ように思える。少なくとも、限定された意味の都市と、農業という単機能の集落である農村を取り上げ、都市が常に農村に先行して存在したとその成立順序を一般化するのは無理がある。さらに、このように一般したところで、これ以降の論の展開にあたってもあまり意味があるとは思えないようにみえる。

ところで、本章のような詳細であるが数少ない事例に関して、実証的であるが定性的考察（分析ではない）を行って、過度な一般化を行う（っているようにみえる）点は『原理』以降の著書に少なからずみられ、ジェイコブズへの主要な批判点として特に経済学者からあげられるので、ここではあえてこの点の擁護を試みることにする。本章でいえば、現在の主流派経済学者であれば、いくつかの前提とそこから演繹した仮説原理を引き出す仮説設定作業にこの章をあて、第二章以降の（通常、モデル）分析につなげるだろう。しかし、ジェイコブズは『原理』や次の『都市の経済学』、『経済の本質』で既存の経済学を、そのモデル分析におけるパフォーマンスの悪さや単純化（仮定・仮説）の仕方等を理由として強く批判する。特に、本章で経済学者が取ると思われる空間モデル化については取組が遅れ、一九九〇年前後に空間経済学として漸く確立されはじめたものであり、この時点（一九六〇年代後半）でのモデル化はありえなかった。このモデル化の準備には仮定とそこから演繹した（個別原理）からなる仮説が必要である。本章でジェイコブズが主張する「都市は常に農村より先にあった」と一般化できるとされるものの実体は、実は個別原理を引き出す前提をアナロジー表現したものであり、仮説の一部をなすものである。すなわち、彼女は『原理』の第2章以下で「経済発展は都市単位で起きる」とする仮説（個別原理）を数多くのケーススタディで検証しているが、その前段の作業としてカタル・フュク等の事例からの帰納により「都市は常に農村より先にあった」という前提を導出し、都市単位での経済発展と、これが都市から地方へ波及する様々な事象を説明するベースとなる論理としている。あるいは、「経済発展は都市単位で起きる」と言う個別原理を、「都市は常に農村より先にあった」、つまり、都市の成長は経済成長そのものであるという一般法則からの演繹により陰伏的（implicit）に導き出すための、アナロジー表現の仮説であるという解釈も可能である。いずれにしろ、これは仮説（ジェイコブズはこれを「着想（idea）」とよぶ）といってよい。序章とした第1章でも述べたように、この「都市は常に農村より先にあった」とする一種の仮説は、第2章の「新しい仕事は常に古い仕事に追加される」というアナロジー表現の仮説の連想(association)源に間接的に利用されている。直接的には、『都市の経済学』の第3章から第5章の「都市と都市地域・供給地域」でのケーススタディにより、この仮説が検証される。したがって、少なくとも、本章を過度の一般化の例（すなわち、仮説であるはずのものを真理と考える）とみなすのは間違いである。

そして、（事実の）発見と（一種の仮説にかかわる）発想がジェイコブズの役割であり、これらの発見を新たな観点から論理化（個別原理化、モデル化）し、体系化（理論化、パラダイム化）するのが経済学者の役割である。ジェイコブズがこのことをどこまで意識していたかは不明であるが、本章も都市（の成立）に関する一種の仮説を述べ、第2章につなげる準備の章であると解釈すべきである。

◉「分化」と「追加」

第2章は、第5章の輸入置換と並ぶ本書のハイライト部分である。ここでジェイコブズは古今一貫して、新しい仕事は古い仕事の特定部門に追加されたと主張し、ブラジャー製造、日本の自転車産業、3M（スリーエム）あるいはフォードの例を取り上げ、極めて詳細に解説する。たとえば、ブラジャーは洋服の仕立てに付随して生まれたが、その後、考案者のローゼンタール夫人は仕立てを止め、ブラジャーの製造・販売に専念した。そのブラジャー製造にともなう（古い仕事の）分業の多くと新しい分業は自社内で行われたが、それ以外は外部組織が営んだ。様々な化学製品の世界的なメーカーである3Mは磨き砂の製造販売からはじまり、紙やすりを生んだが、（他社の）接着剤の不具合から自社で接着剤を開発し、これがガムテープ、電気工事用テープ、スコッチテープ、磁気テープの一連の製品化につながった。すなわち、新しい仕事が古い仕事に追加され、それから時折、その新しい仕事の分業が古い仕事の適当な部門に追加されたとされる。そして、分業の機能を労働の効率的な合理化に限定したアダム・スミスの説明以上に、分業が新しい財貨・サービスを経済生活に追加する特別の足がかりを提供するとジェイコブズは主張する。つまり、偉大なアダム・スミスの比較優位論による分業化（地域分散と単一産業特化）に対し、彼女は輸入置換による多様化（都市集積と産業多様化）を説き、都市（空間）経済学の先駆けの一端を担っているのである。そのうちの、集積のメリットが都市の成長に与える効果は、のちに経済学者により「ジェイコブズ型外部性」と名づけられ、都市経済学分野で確立された概念として広く受け入れられている。

◉効率性と創造性とのトレードオフ

第3章は効率性と開発（創造性）のトレードオフ関係について、英国マンチェスターとバーミンガムとを比較しながら、古い仕事に新しい仕事が追加されるには開発的（創造的）な仕事（イノベーション）が重要なことが説かれる。たとえば、マンチェスターはかって大規模な繊維工業の町として驚異的な効率性を誇ったが、この効率的専門化こそがその後の停滞を招いた。一方、バーミンガムでは小さな組織が開発的な仕事を行い、お互い部品を提供し合った。そこには、無駄や重複があったが、このことで小さい産業が新しい仕事を追加することになり、さらに分裂して新しい組織を設立し続けることになった（今でいう、スピンアウトのことを彼女は"breakaway"とよぶが、スピンアウトよりも適切な表現である）とされる。開発的な仕事は試行錯誤と失敗をともなうので、生産効率の観点からは古い仕事に留まっていたほうがよいが、経済発展の見地からは古い仕事に新しい仕事を追加する開発的な仕事に取り組まざるをえないからという理屈である。注目すべきは、未来の高度に発展した都市経済下では、廃棄物等によって豊富で多様な原材料をもたらす「鉱山都市」が生まれ、これに関係する開発的な仕事の割合が高くなると主張される。今日の廃棄電子機器内の基板等からレアメタル・レアアースを回収する事業の隆盛を見越していたかのようである。しかもそこでは、収益逓減の法則はあてはまらないという。ソフト開発事業の現在の隆盛についても一九六〇年代後半に見通していたのであろうか?

◉都市の成長と衰退を分けるもの

第4章は、輸出に着目した都市の成長のきっかけとその条件についての章である。まず、成長する都市は解決しなければならない多くの問題を生み出すが、これは経済的な豊かさを増大させる新しい財貨やサービスによってのみ解決できる。しかし、そのような成長は将来の成長を保証するものではない。むしろ、都市の発展をもたらした成長産業が、非能率だがそれ故に創造的な仕事・資本等を犠牲にし、ついには都市に危機をもたらすとされる。たとえば、米国デトロイトでは製粉工場からはじまり、その輸出を造船所が助け、造船所はエンジンメーカーに助けられ、船舶用エンジンメーカーはこれに部品・工具を提供する工場向けの合金製造の銅精錬所に助けられて、それらは合わさって多様な供給産業を構成し、デトロイトのまちは成長した。しかし、銅精錬所は地元銅鉱山が枯渇したため、山岳地帯へ移転し、そこで会社の町をつくった。デトロイトには二十年後、自動車産業が出現したが、特定の産業に堕し、企業城下町となり、産業・企業の「分化」、「追加」がなくなって、やがてデトロイトは衰退した。これを避けるには、最初の輸出産業とこれに部品を供給する地元産業から出発し、都市の経済を漸進的に多様化させ派生する過程からなる、反復体系が常に機能するようにしておく必要があると、ジェイコブズは主張する。これを『原理』付録の図式によって説明している。なお、この反復体系は規模のいかんにかかわらず、すべての自律組織と同じく成長する都市にはかならず存在する。しかし、自律組織は一部が止まっても全体系が止まることはないが、輸出産業とこれに部品を供給する地元産業の創出による都市の成長にはあてはまらないとされる。そして、都市がこの輸出創出過程において輸出産業の生産者へ財貨・サービスを提供する多彩な地元産業を多くもてばもつほど、輸出産業の成長がもたらす乗数効果（彼女は「輸出乗数効果」と名づける）が大きくなり、その都市経済に「より多くの余裕」をもたらすと主張される。

◉輸入置換による都市成長

第五章では輸入に着目した輸入「置換」（経済学ではこれを「代替」とよぶが、ジェイコブズは置換のほうがいという）による都市の成長プロセスを取り上げる。第一の段階は国外や近くの都市からの「輸入（都市単位でとらえ、国外からに限定せず、国内の他都市からの買入れを含む）」品を地元生産品に置き換えながら成長する段階である。そのためには、①その都市にすでにその輸入品の豊かな市場があることと、②その輸入品のつくり方をそれ以前に学んでいたこと、の二つの条件が必要だとされる。第二段階では輸入品の地元置換とその構成変化が新しい輸出品をつくり出し、都市は新市場をみつけ出す。同時に、都市は地元市場向けの製品を以前より多く生産するようにもなる。この輸入置換による（乗数）効果は輸入品目の構成を変え、そのすべてが地元経済を膨張（内需拡大）させるので輸出（創出）による乗数効果よりも強力だとされる。そして、この輸入置換とその後の輸出拡大を繰り返す反復体系の存在が都市の成長をもたらすと主張される。これらの「古いもの」に「新しいもの」をつけ加えることは都市にもあてはまり、都市の経済的な生命の火花は、新しい都市によって古い都市につけ加えられる、と締めくくっている。

第6章では、輸出が拡大するための条件を主に輸出業者の役割から論じられる。すなわち、生産者が輸出業者になるにはその生産者が既に輸出できるものをもっていること、また、その生産者自体が輸出業者であることである。そして輸出業者となるためには、①その生産者がはじめて地元産業に輸出品を追加すること、②その生産者が地元経済の異なった地元産業に輸出品を追加すること、③その生産者がそれ自身の仕事を輸出すること、のプロセスが必要であり、これらのプロセスはいずれも地元経済に直接依存しているとされる。大事なことは、新しい輸出品や輸出業者が絶え間なく現れることは、都市の成長にとって不可欠であるが、その根源は地元経済の内部、すなわち自らの力しかないと主張される。

◉経済発展へのリスクマネーの多大な貢献

第7章は資本面からみた都市の経済発展への貢献点と経済発展のための条件を論じている。資本面でも、古い仕事に新しい仕事が追加されて、資本産業の分化と多様化が起こるのは製造業と同じである。たとえば、銀行の取引先の種類が多くなればなるほど、新しい分野の企業融資のために新しい投資組織をつくり、しだいにこれを分離させてその数を増やすことが必要になる。また、資本はどんな財貨よりも経済発展に有効であり、その経済発展が新たな資本を生む。その一方で、新しい財貨やサービスへの開発資本（リスクマネー）の提供が滞りがちであるとされる。経済的な下層民では通常の金融機関から開発資本を得る機会が社会的・制度的に差別されているからである。さらに、多くの企業が事業を失敗した場合の資本をまかなわなければならない上に、成功しはじめた場合にもかなりの額が必要となるため、開発資本は高くつく。このため、多額の資本が非生産的な目的に振り向けられがちになるとされる。そのような例として、新しい事業開発に振り向ける資金は公営住宅建設費や公共福祉費のほんのわずかの資金で済むことを簡単に試算し、資本自体が不足しているわけではないことが説明される。一方で、そのことは、開発資本の供給による経済の開発を怠ると、多くの資本が非生産的な目的に使用され、資本の有効活用が難しくなることを意味すること。このような持てる悩みを克服するために、都市は資本を輸出するが、その結果として地元産業がそれらの資本を利用できず、地元の経済開発（新しい輸出品を生み出し、輸入品を置換すること）を止めてしまうことになると、ジェイコブズはいう。前記のマンチェスターや一九二〇年代の米国ボストンの衰退はこのような背景があったとされる。

◉未来の生産方式と業態

第8章では、都市の経済発展プロセスのパターン化とその結果起きる経済活動パターンの変化を予測してみせる。まず、都市経済の発展は次の五つの段階からなるとする。

（1）古い都市の中に最初の輸出産業を受け入れてくれる成長市場をみつける。この最初の輸出産業に対し、生産財・サービスを供する多くの事業所を地元に築くこと

（2）生産財・サービスの供給業者の中から、それを輸出する業者が現れ、この輸出産業に対し、多くの生産財・サービスの供給業者を地元都市に生み出す。この地元向けの供給者の中からその仕事を輸出する者が出てきて、これらの輸出産業に対し、多くの生産財・サービスの供給業者を地元都市に生み出す。この運動は持続し、都市はより多くの種類と量の輸入品を手に入れること

（3）その都市の輸入品の多くが、地元生産の財貨・サービスで置換されるが、この過程は都市の

爆発的成長をもたらす。同時に、その都市は輸入品の構成を変え、地元経済は巨大かつ多彩になる

（4）地元産業が巨大かつ多彩になると、多種多彩な輸出品の有力な発生地となる。その都市の輸出組織も第6章のプロセスを経て生まれてくる。また、その都市は新しい輸出品を生み出すことで、より多くの輸入品を手に入れること

（5）このときから、二つの反復運動体系が持続する。一つ目の体系は都市が新しい輸入品を生み、新しい輸入品を取得し続けるもの。二つ目の体系はその輸入品を地元の生産で置き換え、さらに新しい輸出品を生み、輸入品を稼ぐもの、である

これらの経済発展を担う生産方式と経済活動に係る事業体のパターン変化も示される。まず、生産方式については衣服製造業を手がかりに、手工業生産（過去）→大量生産（現在）→細分生産（将来）へと変化するパターンがある。経済活動の事業体についても、商人主体の事業体（過去）→生産者主体の事業体（現在）→小売業者主体の事業体（将来）へ、とシフトするとされる。細分生産は少量・多品種生産のことであり、小売業者主体の事業体はパソコン出現以前の汎用コンピュータのみの時代に、データ処理用人員派遣つきサービスを提供し、機械（大型コンピュータ）自体は付属的なものとして買われるような状況を指している。ちなみに都市再開発は古い建物を一掃し、新しい「近隣地域」を「大量生産」するものであり、一軒の建物も壊すことなく、異なる使途への細分化が可能な小さなビルを空き地等にはめ込んでいくのが、「細分生産」だという。現在の修復型再開発指向を四十年以上前に予測している。

最後に以下の言葉で締めくくる。「高度に発展した未来の経済では、なすべき仕事の種類が今日より多くなり、少なくなることは決してない。未来の巨大都市や成長都市に住む人々は、経済的な試行錯誤という変化の多い仕事に携わらなければならなくなるだろう。彼らは、今日のわれわれには想像できないほどの火急な問題に直面することになろう。そして、彼らは古い仕事に新しい仕事を追加していくことになろう」と。

4-2 共生的ネットワーク経済論としての『都市の経済学』

原題の *Cities and the Wealth of Nations : Principles of Economic Life* には、日本語訳として『都市の経済学─発展と衰退のダイナミクス』があてられている。第2章でも示したとおり、*the Wealth of Nations* はアダム・スミスの『諸国民の富』の表題によるものであり、訳者によれば、「アダム・スミス以来の経済学の伝統的な考え方に挑戦した問題提起の書である」となる。経済単位としての都市に着目し、発展と衰退のダイナミックスを論じることで、従来の国を単位とし、均衡分析を重んじる既存の経済学を批判する点で、前著の『原理』よりも経済論らしさを増している。なお、『原理』、『経済学』を併せて都市経済論と一まとめにしたが、分野的には『原理』は都市（経済）地理論、『経済学』は都市産業経済論に分けることができよう。また、そもそも都市経済論というより経済都市論のほうがふさわしいように思う。以下、章立てに沿って本書の論点を現時点で再確認してみよう。

◉経済学者批判

第1章「愚者の楽園」では、愚者とされる既成の経済学者の、スタグフレーションをめぐる諸説・経済政策を徹底批判する。スタグフレーションとは、フィリップ曲線で知られる賃金（物価）が上昇すると失業率も上がり、賃金（物価）が下落すると失業率も下がる現象であり、「不況下での物価高」、「インフレと不景気の同時進行」現象として知られる。スタグフレーションを前に、ケインジアンとマネタリストの取った施策も問題解決ができないどころか、事態を悪化さえさせたとジェイコブズは主張する。また、それらの理論ではスタグフレーションがありえないことになっていること、仮説の追加で彼らの理論（パラダイム）を防御しようとするのはその理論に不都合なことが生じたからだと、切り捨てられる。しかし、これらの批判は適切とはいえない。なぜなら、ある経済学派にはパラダイム（仮説の体系）があり、その妥当性はより多くの事象を説明できるかのみで決まり、仮説体系が特定の事象を説明できないことで決せられるわけではない。しかも、その妥当性は他のパラダイムとの比較による相対的な優劣で決まるからである。ジェイコブズはこのようなアカデミズムの研究作法を理解しないで批判している。また、この章も『都市の原理』の第1章と同じく、以下の章とのつながりが表面的には見えづらいが、これも擁護しなければならないだろう。本章では、経済モデル分析の限界と、実際の適用におけるモデルが切り捨てたものと現実の状況との照らし合わせによる適切な修正の必要性が示唆されると同時に、誤った経済政策をとることによる弊害を強く訴える意図があったのではないか、ということである。すなわち、スタグフレーションの後、経済政策面でリバタリアニズムが席巻し、市場重視が目に余るものになったことへの不快感があった表れと取れるように思われるからである。

◉都市を経済単位とすることの利点

第2章は、経済単位としての都市への着目と、そこで起きる輸入置換にはイノベーション・インプロビゼーションを常にともない、これこそが都市の成長をもたらすことが説かれるハイライトの章である。まず、アダム・スミス以来の重商主義理論では国民経済が経済活動の単位となっているが、大部分の国は全く異なる（より小さな単位の）諸経済の集合であり、同一国内でも豊かな地域と貧しい地域がある。とりわけ、都市は他地域の経済を左右するほど力をもつ点でユニークな存在であり、しかも独立した経済活動の単位であるとされる。その上で、国民経済と都市経済の区別は現実の把握のためでなく、経済活動を再形成しようとする実践的な試みにおいて重要であると卓見が述べられる。すなわち、輸入置換という極めて重要な機能は都市の機能であり、国民経済には達成できないことが見逃された結果、ウルグァイのような後進諸国での大失敗を招いたとされる。次いで、輸入置換がうまくゆく条件として、①生産財とサービスのイノベーション、②臨機応変の改良を意味するインプロビゼーション、が必要だとされる。チャールズ・セーベル(1)の創造的都市には、巨大な小企業群、共生関係、柔軟性、適応性等の特徴がみられるが、これは輸入置換が実現した状態であると主張する。また、輸入置換は海外からの輸入品の置換だけでなく、国内（の他都市）からの輸入（移入）品の置換も含んでいる。そして、輸入置換による都市の拡大は、以下に示す五つの成長形態からなるとされる。①農村的財と他の都市で生産されるイノベーションの産物とからなる、新しい輸入品に対する都市市場の急激な拡大、②輸入置換都市における仕事の量と職種の急激な増大、③従来の企業が過密化で押し出された結果、都市の仕事が農村地帯へ大幅に移植されたこと、④技術、とりわけ農村の生産と生産性を上昇させる技術の新しい利用方法、⑤都市における資本の成長、である。概念整理とその組み立ての両面において優れた章となっている。

◉都市と都市地域・供給地域・停滞地域

第3章から第5章にかけては、都市の後背地である都市地域および遠方の供給地域と都市との関係、都市との経済的関係を全く欠く（停滞）地域の問題点が取り上げられている。まず、都市の隣接後背地である都市地域は、都市との間で市場、都市の仕事、技術、移植工場、資本が相互に影響を及ぼし合う地域とされる。この都市地域は都市が広範な輸入品を繰り返し置換する力をもっている場合に生まれる。これらが東京とカナダのトロントを例に説明される。供給地域は、都市自体が輸入置換の能力・経験を欠き、基本的に分業体制に組み込まれて経済的に特化している地域であり、ウルグァイのモンテビデオ周辺の地域等が例としてあげられる。ウルグァイは畜産業の単一産業国であり、発展には輸出創出か、輸入置換となるが、モンテビデオ独力ではこれができないため、ウルグァイ政府が主導し、輸入置換策がとられた。しかし、モンテビデオからはるか遠くの地に工場建設を行ったことと、モンテビデオには輸入置換の一連の技術、インプロビゼーションの基盤やイノベーションの経験がないために、大失敗に終わったと結論づけられる。なお、国家の輸出リストは各種の特化が一緒くたにされているために、いかにも多様化している印象を与えるが、これは供給地域の狭隘な特化がぼやけるといい、この意味でも経済単位としての国家に対する都市の優位性を示唆する。停滞地域は特化した産業自体さえも育っていない地域である。これらの地域では、都市のような供給業者を育てる共生的な温床と市場を欠くために、男達が都市で培った技能・経験が役立たないからである。前出のモンテビデオ遠方の工場進出地域がこの地域に該当する。

◉輸入置換都市の条件と過程

第6章から第9章までは、それぞれの地域が輸入置換都市となるための条件およびその過程で起きる事態を多くの事例をまじえて説明される。まず、都市地域、供給地域、停滞地域における特定産業の生産性上昇が余剰（農業）労働者を地域外に追いやる（分母の労働者数が減る）パターンである。この場合の農民転出阻止策として、アメリカでは耕地面積に応じた政府援助がなされたために、大規模土地所有者を最も有利にし、彼らはさらに資本集約的・労働節約的（農民排除）になった。ところが、都市の生産的な仕事が十分にない国では、農業産出高と生産性が上がった場合に、余剰者を放置するか、産出高と生産性を放置するしかない。アメリカは前者を、ソ連は後者をとったとされる。

次いで、ある地域が輸入置換都市になれるための条件があげられる。供給地域・停滞地域に工場を誘致するのは（地方）政府がよく取る方法であるが、誘致企業は現在の土地との関係をつなぎとめる必要から遠くには移れない。このことを最も上手くやった興味深い例として、台湾の農地解放計画をきっかけとする移植工業を基礎とした台北の経済的自立をあげる。この計画では、政府は土地収用補償金の一部を国内の軽工業に投資することを被収用者である旧地主に条件づけた。旧地主である投資家の大部分が選んだ場所は首都台北であったが、これがその後の台湾の驚異的な発展を招いたとされる。その理由として、①台湾ではアメリカからの軽工業の移植工場で仕事をし、企業設立や経営方法を学んだ人々がおり、これに補償金を得た投資家が結びついて軽工業が盛んになったこと、②また、それらの企業は外部の企業とのインプロビゼーションを行い、これが地元台北の作業所に刺激を与え、作業所は分化・増殖をはじめたこと、③その共生的なネットワークによって、相互供給や輸出業者への供給、さらには輸入生産財の自前生産品による置換もできるようになったこと、④輸入置換都市となった台北はその剰余を台湾第二の都市、高雄の重工業への融資に向けたこと、が述べられる。台湾政府は、補償金の一部を軽工業設立のためのファンドにあてることもできたが、現実につくられた軽工業ほどにはインプロビゼーションを得意とするわけではなく、柔軟でも多様でもなく、また、無数の分化した企業を生み出すことにはならなかっただろうとジェイコブズはいう。

都市の機能あるいは都市がない地域向けに民間資本投入がないことについても、アメリカのTVA地域等の例から説得的に論じられる。都市で輸入置換がおこると資本を生み出し、その多くは都市内部で利用される。ところが、国家は都市に大きく依存した税収を、資本を生む自前の都市を欠く地域に豊富な借款、交付金、補助金として供与する。しかし、これらの地域では移植可能な工場数がその資金にくらべ足りない。つまり、国家レベルでは、全体としての都市が、全体としての移植工場、仕事、市場を生む能力とはひどく不釣り合いに資本供給をしているからである。その典型例が米国テネシー州のTVA地域であり、自ら稼得した輸入品でないために、真の経済発展がおこらなかったとされる。

最後に、移転支出に依存する都市が衰退する最も印象的な例として（フーバー）ダムをあげ、強烈な皮肉を込めて締めくくる。すなわち、沈泥が堆積してかぶさるように大きくなったダムを未来に発掘した人は、「信じられない。他の物とおよそ関係がないような場所にこんな物をつくったりして。多分、神々の怒りをなだめるか、加護を祈るための偶像崇拝的なものだったのだろう」と不思議がるのではないだろうか、と。

◉インプロビゼーションによる輸入置換の反復

第10章では、後進都市が発展する条件を国王制（シャー）時代のイランのケースなどから考察される。まず、新しい都市の発展には既存の都市が新しい都市の製品の市場となる必要があるが、後進都市での既存の輸入置換都市との交易では、輸入するものと自分たちが置換できるものとの断絶が大きいために、両者を結びつけることができない。このため、他の後進都市との交易の比重を大きくするしかないとされる。また、後進都市が発展するパターンを二つあげる。一つ目は、輸入品を置換し輸入品の構成を変化させる後進都市が、他の都市で生産されるイノベーションの産物を買う余裕を生み、これらがイノベーションに対する新たな市場を開拓する、反復体系が作動するものである。二つ目は、一つ一つは小さく単純な工場が集団となって共生的に生産するインプロビゼーションであり、すでにあるものの摸倣にもう一つつけ加える絶え間ない改善過程が生まれるものである。イノベーションやインプロビゼーションの様な既存経済学が扱いあぐねていたり、全く考慮の外に置く概念を取り扱い、これを都市単位で考えるという発想には、ジェイコブズの面目躍如たるものがある。

◉都市の経済的フィードバック・コントロールの欠如

第11章では、経済単位としての都市経済の国民経済への優位性が、（国民経済レベルの経済パフォーマンスのシグナルである）通貨による都市への誤ったフィードバック効果のために損なわれているとの興味深い論点が提示される。すなわち、通貨が経済的フィードバック・コントロールの機能を果たすという点から、国家の通貨は都市経済に誤った破壊的フィードバックを与えるというものである。

様々な都市経済は、一国レベルの経済統計情報を都市ごとに異なる修正を施す必要があるにもかかわらず、すべての都市に同じ情報を与える通貨を共有するからである。通貨のフィードバックは基本的に輸出と輸入の均衡にかかわるため、そうした情報に適切に対応するメカニズムは都市と都市地域においてのみ働く。現在の都市でこのようなフィードバック・コントロール（生産能力に対応する通貨価値による自己調整）が働いているのはシンガポールと香港ぐらいであるとされる。これらの都市では自前の通貨をもっていて、フィードバックがビルトインされているからである。このようなフィードバックは関税によって克服されることがあるし、ウルグァイのような低開発都市あるいは長期停滞都市を抱えてはいるが、資源と農村的財の国際貿易がかなりある国では、関税は必要でさえあるとされる。ただし、不活性化を招く都市への誤ったフィードバックの救済策としてはあまり望ましいものではないとされる。①関税は報復的障壁を招くだけでなく都市間の流動的交易の障害となること、②都市地域の外にある農村経済が犠牲になること、という理由からである。このことが、イタリアとミラノ、オランダとリングシティ（アムステルダム・ロッテルダム）等、の数多くの事例で説明される。刺激的な論考であることは間違いないが、結局、都市へのフィードバック・コントロールの方法はないと結論づけ、やや混乱したものとなっている（もっとも、この後に自らがユートピア的幻想という、国家分割による新しい複数の主権（都市）ごとの通貨制度の導入を提案しているが）。

◉都市単位の通貨制度

第12章では都市を衰退に導く政策や市場活動をあげた上で、第13章で都市単位の通貨によるフィードバックメカニズムを提案している。まず、都市経済が衰退するタイプとして①長期化した間断のない軍需生産、②長期化した間断のない貧困地域への補助金、③先進―後進経済間交易の重点促進、の三つをあげる。すなわち、都市およびその他の地域における軍需輸出のための仕事は、ほとんどが都市以外の目的地に送られるため、輸入置換過程にとって不毛な生産となる。補助金も一旦開始されると徐々にその必要が強まり、提供側の資力はますます減少する。後進経済地域の移植工場のコストが返済されるとき、都市や都市地域内部ではなく、もっと遠方の移植工場に再投資されることもある。ということは、それらの財は輸入置換過程から離れてしまうことになる。このような事態を避けるために、単一の主権（国家）を複数の主権（都市国家?）に分割し、主権ごとの経済状態を正確に反映する多様な通貨（システム）導入構想が提案される。この通貨の複数化に伴う困難はコンピュータ、即時通信システム、クレジットカード・システムの手段によって克服可能だとするが、具体的に検討されるわけではない。しかし、決済手段や特に為替市場におけるレート決定のような具体的仕組みはどうするのであろうか?そもそも、非制度的な（おそらく市場的要因、たとえば地価による）フィードバックが働いていると考えればよいのではないか?ユーロ等の共通通貨制度をとることは都市への誤まったフィードバックにさらに上乗せ要素となるので、ありえないことになるのか?アイディアとしては面白く、いかにもジェイコブズらしいといえばそうだが。

◉税制・標準化・競争状況が都市の経済発展に与える影響

最終の第14章では、経済発展を漂流にたとえた上で、VAT（付加価値税）、製品規格化、独占がこれにどのような影響をもたらすかを論じて、締めくくられる。ここで、漂流とは経済発展の過程での、そのときの都合や経験に応じて変化せざるをえない修正自在型の対応状況をたとえたものであり、経済発展はインプロビゼーションをともなう前例のない仕事への漂流だとされる。まず、制度等からの影響が検討される。付加価値税については子会社が多く、内部取引も多い、自給的な（多国籍）企業に有利で、共生的な生産者には不利である。したがって、共生的な生産者が多い都市や都市地域では、経済発展を阻害する制度である。製品規格化は生産方法、原材料、目的の画一化を招き、生産者の製品差別化を困難にする。すなわち、多様化を阻害するので経済発展に悪影響を及ぼす、と指摘される。市場の独占に対しても、その不当な利潤が反対理由としてあげられるほか、既存のものに代わる新しい方法、製品、サービスを買い占め、その参入を阻害する難点があるので、経済発展に悪影響を及ぼすとされる。その上で、ボストンを例に都市経済の拡大・強化の条件・手段を三つあげる。①都市経済のつまずきが修正されれば、立ち直ることができること、②自力修正が難しい都市経済も、適切な手さえ打てば、自力修正できること、③適切な修正は、それがある都市である時期にどのような形態で現れるにせよ、創造性を育むかどうかにかかっている。ほとんどが同義反復の上にさらに、こう締めくくる。「すなわち、都市が停滞している社会や文明には、さらなる発展、繁栄はなく、あるのは退化のみである」。またもや、同義反復で都市発展の課題を述べるが、同じように課題をあげて終わる『原理』にくらべても、晩年のペシミテックさがこの時点ですでに表れているように思うのは著者の気のせいだろうか？

4-3 計画論と経済論との一貫性・相補性・展開性

本書の第3章『アメリカ大都市の死と生』では、同書が都市の計画論にとどまらず、都市の経済論の性格を併せもっていることを述べた。そこで、本節では同書と本章の二冊との間で、考察対象の類型やとらえ方に関する一貫性や相補性、および同書と本書の経済論としての論理展開性にかかわる四つの論点を検討することで、ジェイコブズの都市の経済論の位置づけと意義をたしかめてみたい。

◉密集論から集積論への展開性

まず、『死と生』の密集から『原理』の集積への、論点の展開について考察してみよう。『死と生』では都市に多様性をもたらし、結果としてまちが賑わうための条件の一つとして密集の必要性をあげる。すなわち、施設の密集自体が活気のある活動状況をもたらし、あるいは多くの監視の眼が防犯性を高め、まちに賑わいを促すことが説かれる。これは主に需要者・生活者側の賑わいであり、静態的であって結果論である。一方、『原理』のほうは、輸出乗数効果や輸入置換によるイノベーションとインプロビゼーションが地元市場の拡大と多様な産業集積を招いてまちの成長を促すとされる。経済学での取組が最も遅れた分野の一つである供給（事業）者側の集積をその発展過程として論じ、動態的であってプロセス論でもあって、『死と生』にくらべて論理展開が巧みになされている。すなわち、『死と生』の密集論から『原理』の集積論へは優れた展開性がある。

◉政治的・経済的な補完性の原理の一貫性

地方分権における有力な政治的な指導原理の一つとして、補完性の原理がある。補完性の原理とは、決定や自治等をなるべく小さな単位で行い、それらの単位ではできないことを、より大きな単位で補完しようとするものである。たとえば、個人ができないことは家族が助け、そこでもできないことは地域コミュニティが助け、それでもできないことは市町村が助け、そこでもできないことは都道府県が助け、そこでもできないときにはじめて国家が乗り出す（そこでもできないときは国家共同体や国連が助ける）というものである。現在では住民主体のまちづくりの論拠ともなっている。その一方で、経済のグローバル化により国家を超えたレベルでの経済活動が拡大した（国家レベルでは小さすぎる）ために、国家より大きいレベルで国家を補完する仕組みを導入する際の経済的な指導原理ともなっている。たとえば、ＥＣ（欧州共同体）は経済的な指導原理として補完性の原理を利用していると考えられている。一方で、小さな政府にとどめ、企業活動の自由（のために規制緩和等や民間）や官業等の民間移管を主張する市場重視主義者の経済活動の指導原理ともなっている。つまり、グローバルな経済活動は民間企業しかできず、誰も助けられないし、助けるべきではないという消極的な意味で補完（すべきでない）原理としてとらえている。ちなみに消極的な意味での政治的な指導原理としての補完性原理を導入しようとしている例がわが国の道州制ともいえる。

　この補完性の原理に関し、ジェイコブズは『死と生』の中で、大都市より小都市のほうが管理責任者による様々な部門間の一貫性のある調整が行いやすいことをあげ、行政（政治）面で補完性の原理を支持しているようにみえる。しかし、これはハイエクばりの、より現場に近い人のほうが情報を多くもっていて、（ハイエクであれば市場を通じて）より適切に対応できるという、経済的ではあるが補完性の原理以外の理由によるものである。一方で、政治的な補完性の原理とほぼ同じ意味にとれなくもないのが、ハワードを父権主義的だと批判した点である。著者は第3章でその点を否定したが、ハワードは自治体と同じような立場で都市経営を考えていたので、これは新しく移り住んでくる住民や企業が取り組まなければならないことをハワードがすべてやってしまっていることになる。これは父権主義であり、補完性原理に反する。ジェイコブズは補完性原理の観点からハワードを父権主義と批判していたのかもしれない。もちろん時代が異なり、実際に事業を行っていた点からも、ハワードが父権主義だという理由で批判されることはないという著者の考えは変わらないが。『原理』と『経済学』ではいずれも移植ではだめで、自前で稼得した輸入による輸入置換都市にならないかぎり、都市の成長はないことが強調される。このことは、自分でできること、自分でやらなきゃいけないこと、は誰の力も借りないという、市場重視主義者の意味での補完性の原理を支持しているという意外な結果（?・）を意味する。つまり、補完性の原理に関して『死と生』には政治的な補完の原理にほぼ相当する主張がされている部分があり、『原理』・『経済学』には消極的な意味での経済的な補完性の原理が主張される部分があって、緩いながらも一貫性がみられる。

◉小規模事業者を主役とする一貫性

アメリカでは建国の歴史から、伝統的に賃金労働は自由と自立の尊重にはふさわしくないと考え、職人、機械工のような小生産者や小売自営業者による経済的自立、あるいは協同組合のような経営への直接関与、といった志向が一九世紀末近くまで強くあったとされる(2)。『死と生』でも主にスラム（とされる地区の）再開発問題を取り上げるが、そこでは住宅問題以上に経済的な問題であると認識されている。同書での経済活動は第16章でのニューイングランドのレストラン事業者や、ノースエンドの石工・電気工・大工等による事業連携、本書で後述の第6章第1節で、移住したての貧しい人々が（雇用されることはあまり期待できないため）手押し車による街頭販売を行う自営形態が主となっていて、大企業（による雇用）ではなく、生業に近い小規模事業者によるものが主である。しかも、小規模事業者の事業自体というより、地域コミュニティの中での互助や治安において彼らが果たす役割に重点をおいた取り上げ方となっている。一方、『原理』ではローゼンタール夫人によるブラジャー製造の事例、『経済学』でも、イノベーション・インプロビゼーションを生む小企業を中心とする経済活動自体が生き生きととらえられている。すなわち、『死と生』では主に活気に溢れた地域コミュニティであるための、小規模事業者の役割・貢献をとらえようとしているのに対し、『原理』および『経済学』では、主に小規模事業者自体のダイナミックな発展プロセスをとらえようとしている点に違いがある。しかし、いずれの事業者類型も小規模事業者である点では一貫性がある。

◉都市内と都市間との経済活動の補完性

『死と生』は大都市を組織だった複雑性をもったシステムととらえた上で、サブシステムとしての都市計画にかかわる事項を中心に取り上げるが、それらは基本的に都市「内部」での地区行政、コミュニティ活動、経済活動および空間構造を扱うものである。たとえば、空間構造にかかわるものでは『死と生』第14章で、大規模な単一用途がもたらす「境界」は隣接地域を破滅させやすいというが、これは都市の内部と外部を画する境界でもあり、その境界内部の空間構造特性をもっぱら取り上げている。地区行政に関しても、『死と生』第21章では、各地域（都市）を連合（連携）させ大規模化する「大都市圏政府」という広域行政機関がその大きさのゆえに招く混乱を理由として否定されているが、これも「内部」重視の表れとみなせるであろう。一方、『原理』と『経済学』では輸入・輸出（輸入は都市内に存する自然資源を含む広義の意味で使われているが）という形態の経済活動を主に取り上げていることから、都市の外部、つまり都市間の経済活動とそれによる都市の成長プロセスを主な考察対象としていることが分かる。すなわち、『死と生』では生業を含む小規模事業者の経済活動を主に取り上げるが、同書は基本的には都市計画（政策・行政）を扱うもので、経済活動は都市計画（政策）に直接かかわる建設・金融業等の限られたものである。補完性の原理の項で述べたように、行政（都市計画）はより小さい単位でとの考えにより、『死と生』では都市の内部の事項を対象とする。しかし、都市の外部ないし都市間問題を扱うには経済（活動）を取り上げるのが適切なこと、都市間を対象とすることで成長プロセス（の違い）が扱いやすくなることから、『原理』と『経済学』を著わし、行政面と経済面にまたがる都市論の体系化を図ったと解釈できる。この意味で『死と生』と『原理』および『経済学』には補完性がある。注視すべきは『原理』第6章の輸出品や輸出組織の急拡大の根源は都市の地元経済の内部にあるといい、都市間の経済拡大は都市内の経済拡大がベースになると主張していることである。つまり、『死と生』と『原理』および『経済学』との間には論の展開（性）を含んだ補完性がある。

4-4 実践的な都市経済論への貢献

最後にジェイコブズの都市型産業経済論の先駆性と都市経済論分野への貢献を考察してみよう。ここでは以下の四項目を取り上げる

◉経済単位としての都市

最初に、経済単位としての都市に着目したことのジェイコブズの先駆性についてみてみることとする。『経済学』第2章の中で、マクロ経済学では分析のための基本データの単位を、アダム・スミス以来現在に至るまで国民経済においているが、(人為的な国家を構成する) 都市こそが経済の基礎単位であり、都市単位のデータこそがその活動の実態を表すものだとジェイコブズは主張する。すなわち、国民経済は都市経済の集合体にすぎず、ダイナミックな経済活動の本質は国民経済を構成する諸都市にあるとされる。意外に思われるかもしれないが、都市を単位とする立地や交易を扱う空間経済学は一九九〇年代になってようやく確立された。ジェイコブズの、この都市を経済単位とするアイディアは明示的には『経済学』の中にあったが、もちろん、その原型は一九六九年の『原理』にある。つまり、完成度の高いモデル分析と単なる仮説の違いはあるが、藤田・クルーグマン・ベナブルズ (1999) の空間経済学[3]の輝かしい成果に先立つ約三十年前にそのアイディアを提示していたのである。しかも、ジェイコブズのほとんどすべての著作についていえることだが、『経済学』では第3章以下でこれらに関する具体的な事例を数多く取り上げて分りやすく解説するとともに、フランス・バルドーの例による経済的変遷の考察から、国民経済と都市経済の区別をすることによる経済活動の実践上の利点を説いていることである。すなわち、①国民経済と都市経済の区別は、現実を把握するためにだけ重要なのではなく、経済活動を再形成しようとする実践的な試みにおいて、決定的に重要であること、②この区別をしそこなったために、後進諸国の多くの経済的失敗が生じたこと。このように述べた後で、次のように締めくくる。「輸入代替あるいは輸入置換という極めて重要な機能は、現実には、何よりも都市の機能であって、「国民経済」には達成できないということを見のがした結果、これらの大失敗が生じたのである」[4]と。ジェイコブズのすごいところはそこにとどまらず、国民経済レベルでの経済パフォーマンスのシグナルである通貨がもつフィードバック・コントロール機能に相当する、都市単位の新たな通貨制度導入の提案（検討）を行っていることである。その実現には決済手段やレート決定の仕組み等の点で少なからざる疑問符がつくにしても。

●ジェイコブズ型外部性の基本アイディア

経済学者を批判的にみるジェイコブズは、その経済学者から批判を受けることも多いが、その経済学者から高い評価を得ているのが、『原理』の第2、第5、第6章を中心に、輸入置換と輸出創出による都市の経済発展過程の中で、分化（分業）と追加（新しい財貨・サービスの追加）による爆発的な新しい仕事の増加（産業多様化）と人・企業の集積（イノベーション）の効果を、豊富な事例を交えて考察していることに対してである。これは、後の経済学者により「ジェイコブズ型外部性」として理論化された。「ジェイコブズ型外部性」とは「最も重要な知識は同種の産業以外からもたらされるものであり、地域特化ではなく多種多様な産業の集積が技術革新と成長を促進する。一方、新技術の採用を促進するのは地域独占よりも地域内競争である」というものである。ノーベル経済学賞受賞者のロバート・ルーカスは、ジェイコブズが経済生活を芸術や科学と同じ意味で創造的であることに関して数多くの具体例をあげて説明し、ニューヨークのファッション街、金融街、宝石街、広告街がコロンビア大学やニューヨーク大学と並ぶ知的センターであることを強調したことを高く評価した。その上で、ルーカスはジェイコブズのそのような考察が人的資本の外部性の存在と知的成長における重要要素であることを確信させる点で、示唆に富むと述べている[5]。

外部性の３つのタイプ分類

	地域独占	地域内競争
産業の地域特化	MAR 型外部性	ポーター型外部性
多様な産業集積	———	ジェイコブズ型外部性

このジェイコブズ型外部性に関し、面白い実証分析がある。これは集積のメリットが都市の成長に与える効果について、ジェイコブズ型外部性を含む3タイプのうちのいずれが強く影響しているかを、一九五六年から一九八七年までのアメリカの上位一七〇都市圏のデータで分析したものである[6][7]。ここで他の二つをあげておく。一つはマーシャル・アロー・ローマー（MAR）型外部性である。マーシャル、アロー、ローマーは人の名前で、いずれも経済学分野の巨人である。彼らの唱える外部性は、同一産業が地理的に集積することにより、企業間の知識・情報の伝達が盛んになり、そのことが産業集積を促進する。また、競争的な環境より地域内で独占的な環境にあることが企業の技術革新を促進する、というものである。ジェイコブズ型外部性とは地域特化と地域独占の二つの点で異なる。もう一つはポーター型外部性である。マイケル・ポーターは『競争の戦略』[8]等の著書で知られる著名な経営学者である。彼の唱える外部性は、地域特化型の集積の経済が成長を促進するという点でジェイコブズ型外部性と異なるが、地域内で独占的な環境にあることよりも、競争的な環境にあることが企業の技術革新を促進するという点でジェイコブズ型外部性と同様である。

分析の結果は、産業の多様性が高く、地域内競争が活発な都市圏ほど雇用の拡大傾向がみられるというものである。これは、集積のメリットが都市の成長に与える影響の点で、ジェイコブズ型外部性は3タイプの中で最も大きいということを意味する。「大」学者のモデルより「偉大なアマチュア」であるジェイコブズ（型）

のモデルのほうがモデルパフォーマンスの点で優れている！

前記ほどではないにしても、ジェイコブズの独自の考察が経済学での優れた理論・モデルと同じ知見を導き出しているものは少なくない。たとえば、経済発展論には外部性にかかわるモデル化でキーファクターの一つとされる前方連関効果と後方連関効果という二つの概念がある。前者は、生産者は大市場に近く、自分と労働者が必要とする財の供給を受けやすい立地点を選択しようとする、というものである。後者は、すでに生産者の集中した場所は大市場となりやすく、また原材料や消費財の優れた供給地点となりやすい、というものである。ジェイコブズは『原理』の中で、都市の成長には輸出創出と輸入置換が反復する体系が備わっている大都市から離れた工場はうまくいかないから、離れたがらないことを事例もあげながら繰り返し述べている。これは前方連関効果そのものである。同様に『経済学』の中で、チャールズ・セーベルが指摘するイタリア北部の創造的都市やジェイコブズのいう輸入置換都市で起きている集積状況とその意味するところを考察しているが、これは後方関連効果に相当するものである。

◉輸入置換と輸出創出の反復体系による都市成長論

前記で示した、ジェイコブズ型外部性の基本アイディアは『原理』の中の、輸入置換と輸出創出の反復体系がもたらす都市成長プロセスの考察から生まれたものであり、この都市成長のプロセス論は『原理』の最大の成果である。既述のとおり、主流派の近代経済学では主に均衡を扱い、成長への取組は遅れ、あるいは、都市からの分散はかなり説明できるが都市への集積に対しては不十分にしか説明できない。また、国民経済が主な対象であって都市を対象とする取組も遅れていた。その二つの空白分野に挑んだのがジェイコブズである。そこで、その概要と意義を再確認しておこう。

成長プロセスの第一段階は、「都市単位」でとらえた国外や国内からの生産品を購入し（他所からの輸入がなければ地元の自然資源を利用する）、あるいは先進技術を学びかつ吸収する広義の意味での「輸入」を行い、地元生産品や自前の技術体系に置き換えながら拡大する「輸入置換」段階である。この段階での分化（分業）と追加（新しい仕事の追加）によって起きる地元置換とその構成変化が、定常状態を突き破って、成長段階に飛躍するための必須過程とされる。次の段階では、他産業（企業）との連携を多様にしながら手元の生産品から新しい輸出品を創り出し、他都市の新市場をみつけ出すと同時に地元市場を拡大してゆく「輸出創出」の段階である。ジェイコブズはこの繰り返しが都市の成長をもたらすと主張する。ここでは都市単位のセミマクロないしミクロな行動レベルでダイナミックにそのプロセスがとらえられている。これらは、バーミンガム、コペンハーゲン等の都市レベルの事例と、3Mのような個別企業レベルの事例から、シュンペーターの『経済発展理論』を現実に即して解説したものとなっている。ジェイコブズの「古い仕事に新しい仕事をつけ加える」ことはシュンペーターの「イノベーション」にほかならない。

◉インプロビゼーションを生む小規模企業の共生的ネットワーク論

『原理』での「分化」と「追加」をより詳細に考察したのが『経済学』における、イノベーションとインプロビゼーションを生む小規模企業の共生的ネットワーク論である。その中で輸入置換には生産財とサービスのイノベーションとインプロビゼーションが必要とされる。ここで、インプロビゼーションとはジャズの即興演奏のように、状況（条件）の変化（変更）に即座にかつ柔軟に対応する意味で使われている。ジェイコブズはトヨタのカンバン方式、東京の初期の自転車製造、台北の軽工業化による輸入置換都市化をその例としてあげる。ここでのジェイコブズの議論は専ら前出の社会学者チャールズ・セーベルによっている。そこでは、イタリア北部のボローニャとベネチアの小工業都市群で、その大部分が従業員五〜五〇人からなる無数の小企業によって共生的ネットワークを形成し、手直し・改良がインプロビゼーション形態をとって行われている状況が描かれている。ジェイコブズはこれこそが都市とその周辺後背地のみで実現可能な輸入置換過程の現実だという。そして、その枠組みで台北の軽工業化、東京の自転車製造を記述するが、同時に「これらの密集した共生的諸企業群の中で観察し、画期的変化であると感じたその力と驚異的事実は、すべて創造的な都市に固有のものであった。」と述べ、これはその後の創造都市論の先駆けとなった。この部分は都市経済学よりも都市社会学への貢献と見なせよう。クリエィティブクラス論で知られる都市経済学者リチャード・フロリダの創造的コミュニティは、ジェイコブズのこの都市（経済）論をベースにしたものであることは広く知られている。

◉実践的・脱専門的・発想志向の都市の経済論

ここで、ジェイコブズの都市の経済論の意義・貢献を大胆にも三点に絞って要約してみよう。一つ目は、需給均衡のように経済学者が問題を抽象的に考えるのに対し、市場、資本等の現実の事例をあげて、具体的に問題を考えることの重要性を気づかせてくれることである。同時に、国民経済と都市経済の区別の項で、そのような区別をすることの実践上の利点をこれまた、分かりやすい事例で説いている例にみられるように、彼女はその都市の経済論を都市の経済政策の実践に常に結びつけて考えている（実際の提案は実践的ではないとの辛口の批評はあるが）。二つ目は、ジェイコブズ型外部性の例にみられるように、市場（価格メカニズム）が十分に機能せず、複雑な空間や多数主体（要素）のダイナミックな行動を扱い、経済学者がモデル化しづらい現象に対して、彼女ならではの柔軟な思考から新たな視点を提供し、仮説そのものやそれに役立つアイディア・ヒントをもたらす、脱専門性の良さである。三つ目は、結局、ジェイコブズの都市経済論は、既存の都市経済論（学）のように都市の経済的「側面」のみを取り扱うものではなく、彼女が『死と生』の中で使用している表現である「有機的な全体としての都市」の「部分」として都市全体に強くコミットメントされている経済、を扱おうとしている点で決定的に異なるように思われる。すなわち彼女は、分析より統合（総合）・発想志向なのである。

独自の空間概念・プロセス分析と都市型産業・人的資源論などをはじめとするその先駆性はもとより、本項での彼女の意義・貢献点にみられるように、ジェイコブズの都市の経済問題に対する立ち位置と取り組み方向は、既存の経済学者とは異なる独自のものであるが、これこそジェイコブズの都市の経済論である。

【補注】

（1）Charles. Sabel. "Italy, s high Technology Cottage Industry", journal of Transatlantic Perspectives, 1982.

(2)小林正弥『サンデルの政治哲学』、平凡社新書(pp.192-193, 2010)
(3)藤田昌久・P・クルーグマン・A・ベナブルズ『空間経済学』、東洋経済新報社(2000)
(4)J・ジェイコブズ、中村達也・谷口文子訳『都市の経済学』、TBSブリタニカ(p.41, 1986)
(5)Robert. Lucas, "On the Mechanics of Economic Development", Journal of Monetary Economics, Vol.22. (p.38, pp.3-42, 1988)
(6)E. Glaeser & H. Kallal & J. Scheinkman & A. Shleifer "Growth in Cities", Journal of Political Economy. (pp.1126-52, 1992)
(7)横山直・高橋敏明・小川修史・久冨良章「産業集積のメリットと地域経済の成長に関する統計的検証」、『90年代以降の我が国における都市成長—産業集積のメリットと地域活性化—』、内閣府景気判断・産業分析ディスカッション・ペーパー(2003)
(8)マイケル・ポーター、土岐坤・服部照夫・中辻万治訳『競争の戦略』、ダイヤモンド社(1980)

第5章……都市・社会の本質論とジェイコブズ

歴史的建築と近代的なビルが建ち並ぶトロント市中心部―公共空間としての市役所前広場
(1999.9 photo. by Tamagawa)

都市の計画論、都市の経済論と論考を進めてきたジェイコブズは、晩年にいたり、都市そして人間社会の本質論という巨大なテーマに挑んでいく。この章では、一九九〇年代から二〇〇四年の絶筆となるまでの、三つの著作を順次読み解いていくことにしよう。

5-1 『市場の倫理　統治の倫理』にみる人間社会の基底

その著作、ジェコブズの本としては一風変わったタイトルがつけられた。*Systems of Survival*(1992)。直訳すると「生き残りのシステム」となり何やら仰々しい。しかし、訳者の香西泰氏は、副題である *A Dialogue on the Moral Foundations of Commerce and Politics* の一部を日本訳の標題として採用し、『市場の倫理　統治の倫理』とした。たしかにこのほうが、同書の意図するところが明確に表現されているといえる。

◉二つの倫理

小さな出版社を引退した初老の男性を中心に、個性的な六名（主要部を形成するのは五名）の人物が登場。この書のほとんどの部分は、彼らが織りなす会話によって進められている。丁々発止のやり取りの中で、人間社会を成立せしめている根本原理が語られていく。それは商業の倫理と政治の倫理とであること、その二つは依拠するモラルが対照的であること、両者とも社会を形成するためには必要であり一つにまとめることはできないこと、用いるべきモラルが混用（または混同）された場合には恐るべき事態が引き起こされること…等、が描き出される。

商業・市場の倫理は、自発性、正直、創意工夫を尊び、競争、効率、節倹を重んじる。まさに営利企業の倫理である。一方、政治・統治の倫理は、勇敢、規律、伝統を尊び、取引を避け、目的のためにはときに欺くことをも是とする。この倫理が最も先鋭的に貫かれているのは軍隊である。後者は、物や領土を「占取」するという行為であり、餌やなわばりを得るという意味では動物も行っていることであるが、前者は「取引」するという行為であり、人間に特有のものとされている。

◉例外、バリエーション、そして「怪物」

二つの型におさまらない場合とされているのは、法律家、農業者そして芸術家である。民間で法律事務所を営む場合、商業倫理（ビジネスとしての訴訟の請負）と統治倫理（法廷での争いは機知と狡猾さの勝負）の間を行き来することが求められる。イギリスでは、事務弁護士と法廷弁護士に分けられていることにより、両方の倫理の混在を防いでいるという。農業については、本来は商業倫理による活動だったはずだが歴史によって統治者=地主の反商業的価値と倫理に適合するようねじ曲げられてきた、とされている。それは、生産のための土地の所有が統治者の地位の本質にかかわるからであるという。また、芸術は、占取生活に由来するとしておおむね統治の倫理のほうに分類されてはいるが、その余暇から起こったものであり、統治・商業どちらの倫理も無視して営まれることがあると主張する。芸術家の最大のエネルギーは、その芸術への「愛」である。「愛に基づく性は統治にも商業にも関係がない」と、議論の中心となっている女性にいわしめ、芸術を例に、人間の行動、存在のすべてが占取と取引により総括されるわけではないことを認めている。芸術以外に恋愛や友情ももちろんそうであるので、統治・市場の二つの倫理は、（芸術を除く）仕事とか職業、より平たくいえば生業についての倫理と考えるべきであろう。

「混合の怪物」や「道徳のシステム的腐敗」という表現で語られる現象は特に興味深い。マフィアに代表される組織犯罪集団は統治の倫理を基本としながら、一方で商業倫理の体系を融通無碍《むげ》に「つまみ食い」する。暴力を後ろ盾にした脅迫による縄張りの占取、「ファミリー」の名のもとに結ばれる鉄の上下関係、沈黙の掟、見栄、復讐、儀式の重視等、統治の倫理が貫かれている組織のようにみえるが、反面、合法的な建設業・飲食業から密売や麻薬取引等の非合法行為まで、商業的活動も盛んに行っている。結果、恐るべき影響力を持った犯罪集団が形成されるというわけである。

このように、二つの倫理が混合されて用いられたとき、とんでもない事態が生じることが次々とあげられていく。旧ソビエト連邦の失敗も、統治者が商業を扱った結果としてとらえられる。旧ソ連ならずとも、多くの官製企業がうまくいかないことはわが国でも頻繁に見聞される。市場の倫理によるべきところに統治の倫理がはびこった結果である。また、正直、創意工夫、新規性の尊重、他者との協力、自発的な合意等々、基本的には市場倫理によっているはずの科学研究が、統治者すなわち政府からの研究費補助に伴って統治の倫理が忍び込んで来ることも指摘されている。

逆の意味でも、笑えない笑い話が語られる。鉄道警察の管理部が、あるコンサルタント（商業倫理をもつ）に同警察の改善策の提案を依頼したところ、そのコンサルタントは、警察の活動の生産性を時間当たりの逮捕数という指標で評価することを提案する。それに基づく信賞必罰の配置換え（逮捕数の記録を上げた警察官は良い部署へ）が実行された結果、起こったのはでっち上げ逮捕の横行だったという。わが国においても、警察の職務質問の「ノルマ化」や、検察等の統治型組織に導入される「実績主義」の弊害については、多くの事件報道にみられるとおりである。統治の倫理で遂行すべき仕事に市場の倫理がさまよい込むことの危険性は身近なところにあるのである。

また、狩猟採取生活を送っていた部族の居住地を禁漁区に設定するため、彼らの生業を自給農業へと転換させようとした試みが見事に失敗に終わったことが語られる。それは、彼らに能力がなかったためではなく、農業にふさわしい倫理体系を欠いていたためであることが指摘されている。また、企業の合併に取引だけでなく占取、すなわち乗っ取りが混じり合うコングロマリット（複合企業）の建設も、商業倫理の腐敗の例としてあげられている。

●システムを持続させるための工夫と発明

反対に対策として、システムを維持し腐敗させないための工夫・発明が次に示される。代表的事例として扱われているのは、ムハマッド・ユヌス（訳書ではドクター・マホメッド・ユナス）がバングラデシュで創設したグラミン（訳書ではグラミーン）銀行。無担保で少額を貸しつけるマイクロクレジットであり、二〇〇六年にはその実績によりノーベル平和賞を受賞している（九〇年代初頭の時点ですでにジェイコブズが高い評価を与えていることは注目すべきである）。無担保で貸しつけができる背後には借り手側につくられるサークルの存在がある。五〜十名のメンバーで一つのサークルをつくり、順次二名ずつ信用貸しを受けていく。もし誰かが債務不履行になったら、そのサークル全体が以後信用を受けられなくなる。このため、メンバーは慎重に責任をもって行動するようになり、返済率は九八パーセントという。いわば、金銭や資産による担保をグループ内での信用に置き換えるシステムである。ラテン・アメリカにおけるアクシオン・インターナショナルも類似のシステムとしてあげられている。決して豊かではない国において、商業倫理によるシステムを堅実に根づかせる工夫である。わが国でも、社会起業家を無利子・無担保で支援する「信頼資本財団」が二〇〇九年に発足しており、厳しい経済状況の中、社会的に需要があり事業として成立する仕事を支援する試みとして注目される。また、アメリカ・オレゴン州での地元供給者の発掘や地元企業同士を結びつけるネットワークづくりをする試みは、クレジットではないが、地域経済を内部で回していく仕組みとしてとらえられる。比較優位のドグマにとらわれた経済学者への皮肉も語られている。

統治と商業のそれぞれの倫理体系の一貫性を守りながら、かつその二つの体系を共生させる方法としては、「身分固定」と「倫理選択」が提示される。前者は、インドのカースト制度や日本の江戸時代の「士農工商」に代表される。身分固定は、時代によっては有効に作用する。「武士は食わねど高楊枝」という言葉に象徴されるように、見栄をはり、名誉を重んじるのはまさに統治の倫理であり、商業倫理とは隔絶されていることによりその質が維持される。しかし、現代民主主義社会おいては、身分固定はすでに過去のものである。それと対比されるのが後者の倫理選択で、現在でも現実性をもつのはこちらであり、ふさわしい倫理の選択を自覚的に行うことが必要であるとされている。

この書の終盤で指摘される「家族」と「社会」の関係は印象的だ。「家庭は社会の基盤」という説に対し、逆に「社会は家族の基盤」であり、さらに「社会自身が社会の基盤」という主張が示される。社会が変動すれば、家族のあり方も変化する。その性格は社会しだいだ。家族は社会のあり様を敏感に反映する。後述する彼女の絶筆『壊れゆくアメリカ』で最初に家族の問題を取り上げていることは、決して気まぐれではないのである。

以上が同書の概要であるが、ここではこの内容をふまえ、思考実験をいくつか行ってみたい。いずれも筆者の私見によるもので、読者には異論のある方もおられよう。議論に付す材料として扱っていただければ幸いである。

◉思考実験1——災害時等の場合

ジェイコブズのこの著作は、基本的に日常的な社会についての倫理を扱っているのだが、そうではない場合、たとえば災害時の場合の「倫理」を考えてみよう。一九九五年の阪神・淡路大震災は未だ記憶に新しい。さらに二〇一一年に、マグニチュード9・0のわが国でもかつてない大津波をともなった東日本大震災が発生し甚大な被害がもたらされた。世界の諸地域において地震災害が相次いでいる。それらの多くの場合で報告されるのは、被災者に平等に必要物資が行き渡るよう対処すべきという議論である。つまり、救済のためには市場の倫理は制限されても致し方ないということである。たとえば、マイケル・サンデル著『これからの「正義」の話をしよう』(2010)の冒頭では、二〇〇四年にフロリダを襲ったハリケーン・チャーリー後の便乗値上げの問題を、「公正」さらには「正義」とは何かという基準で議論するが、ジェイコブズ流にいえば、市場の倫理を行政、すなわち統治の倫理により制御すべきかどうかという問題としてとらえられる。私見では少なくとも、非常時の一時期においては、本来、市場の倫理による商業活動においても、統治の倫理により制御すべきということがいえるように思われる。ただ、商業者にとって実は最も求められるのは、通常の流通を一刻も早く回復することでもある。

実際、防災や環境に関する議論とその対策としていわれることは統治の倫理の傾向が強い。市場の倫理に任せ自由な商業を許容したのでは、問題が多いとされる。防犯に関する議論も警察が統治的組織である以上同様である。そして都市計画もその一つである。しかし、それが過剰な場合には問題を引き起こす。都市の計画論として扱った第3章の『アメリカ大都市の死と生』は、『市場の倫理 統治の倫理』に照らして考えれば、公共住宅政策など「統治の倫理」が勝りすぎていた一九五〇年代のアメリカの都市計画に対するアンチテーゼか、と考えられなくもない。しかし、一九九〇年代以降、情勢は大きく替わり、むしろ市場原理による都市計画が優勢になってきた。それが行き過ぎた場合についてもジェイコブズは不快感を示しているが、詳細はこの章の第3節で触れたい。

◉思考実験2――グローバリゼーションの光と陰

民間企業は当然、商業倫理に従うものとされるが、わが国の場合、社内的には統治倫理的要素も合わせもっていたといえるのではないだろうか。上意下達の意思決定、年功序列の賃金体系、終身雇用、地縁・血縁による縁故採用など、少なくともかつてはそういう要素も強かったといえよう。しかし、近年は大きな変化がみられる。「市場は統治範囲を超える」という事実は、現代においていよいよリアリティをもって感じられることとなっている。物資の流通、情報の行き交いはもとより、かつては閉鎖的であったわが国の労働力市場についても、国内の不況の影響もあり外国企業に就職する日本の技術者が増加していたり、反対に日本企業が海外、特に中国等で集団面接会を開催し、現地法人ではなく日本の本社社員としての採用を行ったり、といった人材の移動が盛んになって来ている。将来的にはこれが加速されることは容易に予測される。ジェイコブズの著書の意義は、それが原理的に必然であるということを明示したことにあるといえるだろう。

一方で、マイクロクレジットが商業倫理を定着させる工夫として好意的に語られているように、社会状況に応じたやり方があることも事実である。それはすなわち、統治の範囲に適応させた方法といい換えることができる。グローバル経済、巨大な国際金融と直接つながるのでは、萌芽的段階にある貧しい地域経済を破壊しかねない。マイクロクレジットの導入は、金融面でのインキュベータとしての役割を果たすといえるだろう。また、一見関係がないようにみえるが類似の話題として、二〇〇七〜〇八年における世界的に異常な穀物高騰の問題がある。この最大の問題点は、生活必需品として穀物が必要な地域（多くはその生産地近くである発展途上国）に、消費者が購入可能な価格でそれが供給されないという事態に陥ったことにある。これも統治の倫理を適切に導入することにより、時として投機的になる商業倫理を制御することが必要であることを示していると考えられる。グローバリゼーションとローカル経済の間の軋轢と調整は、今後ますます多くの場面で重要な課題になって来よう。

◉思考実験3——二つの倫理を超えるもの・両方に求められるもの

先に述べたようにジェイコブズによれば、「愛」は二つの倫理を超えるという。「愛は商業倫理や統治者倫理を掘り崩すことが多い」（邦訳第7章）とも。心情的には理解できる。しかし、統治の倫理、市場の倫理自体も何らかの「愛」に基づくのではないだろうか。領土・領地への愛、祖国愛、…等々、が統治の倫理のさらに土台を形成する。一方、富への愛が市場の倫理の基礎となる。そして、両者に共通することとして、二つの倫理はともに「拡大」を愛する。この論理で行くと、「美しい日本」への愛が本当に日本人の心情の基底を形成するなら、愛国心に基づき、市場原理を制御することも許される。農村景観・里山景観を守ることを、八〇〇パーセント近い関税をかけて安いコメを輸入するという手段で、市場原理に抗して優先することも肯定されることになる。事の是非は別としても、そのような議論に発展する内容が、この著書には含まれている。

また、ジェイコブズの設定では、「協力」や「忍耐」といった「徳」は普遍的なもので、どちらの倫理を適用する場合でも普遍的に求められるものとされている。市場・統治の倫理体系は、これら共通の道徳を除いて分類したものというわけである。例示されていないが、おそらく、「生命の尊重」もその一つであろう。しかも、ほぼ絶対的な倫理のように思われる。しかし、もう一つ絶対的と思われる倫理に「正義」がある。市場・統治以上により根元的・普遍的な倫理の中に含まれる代表的な二つである。しかし、時としてそれらは対立する。「正義」か「生命」か、という問いを立てた場合には、どう考えるべきだろうか？　これは、市場・統治の対比以上に根元的な問いなのではないだろうか。実際、テロリストが人質を取ってハイジャックや立てこもりなどを敢行した場合、人命優先か？テロリスト断罪優先か？という判断を迫られる状況に遭遇する。わが国においては、人命が何をおいても優先されるのに対し、西欧的文脈ではかならずしもそうではないように思われる。より根本的にみえる二つの倫理の間にさえ、そのようなジレンマが存在する。市場・統治の倫理が人間社会、特に仕事の動機づけや制御を形成するのは間違いないが、人間の行動をより広くとらえた場合、それ以外の倫理についても検討は必要であると思われる。さらに、生業についての倫理に限定しなければ、共同体の倫理、サークルの倫理などはまた別のものとして存在すると考えられる。こういったことについても考えていく必要があろう。

二一世紀に入って間もなく、わが国は、人口が減少するという全く新たなステージに入った。二つの倫理の重要性とその軋轢、調整は今後ますます重要になってくることだろう。また、より根本にある原理を考えた場合は、さらに種々の議論が必要とされよう。ジェイコブズの『市場の倫理　統治の倫理』は、その枠組みをあてはめて人間社会の諸現象を考えること、その枠組みの是非自体を議論することの両面において、われわれに深く思考すべきヒントを提供してくれているのである。

5-2 『経済の本質』と経済学

二〇世紀末に執筆された *The Nature of Economies*（2000）は、新世紀になって香西泰・植木直子訳『経済の本質』（2001）として刊行された。『市場の倫理　統治の倫理』で登場した六名のうち三名に新たな二名を加えて、再度の対話形式で書かれた著作である。

経済と自然の両者をアナロジーでつなぎ、その二つが「同じ法則で動いている」という大胆なテーゼを打ち出している。もともと生態学は、「自然の経済」を研究する学問として発想され、経済学から多くの概念・手法を受け入れてきたが、この書ではこれを反転させ、「経済の本質を自然から学ぶ」というスタンスで全編が展開されている。前書『市場の倫理　統治の倫理』（原書 p.125、邦訳 p178）にも、生態学に言及する場面で「自然の経済」という表現がみられ、ジェイコブズが以前からこの点を意識していたことが分かる。次項以下に、順を追って内容を概観してみよう。

◉発展・拡大・活力自己再補給

経済も自然もその必然として、質的な変化を起こす。それを、この書では「発展」（development）と表現している。その基本的法則は、次のように表される。①発展とは「一般から発生する分化」

である（これが定義のようなもの）、②「分化したものが一般的なものとなり、その一般的なものからさらなる分化が起こる」、③「発展は共発展による」（筆者注：「よる」は「依る」のほうが良いかもしれない）。ここでいう「分化」は、混沌としたものの中から特殊なものが生じることであり、「共発展」は、発展の相互が依存関係にあることを指している。商業の基本行為である「取引」自体も、動物も行う「奪取」と霊長類にみられる「分配」から分化されたことが推測されている。

また、「拡大」も両者に共通してみられる現象だが、その原則は、「拡大は過渡的エネルギーの取り込みと利用に依存する。エネルギーがシステムから放出される前に、（導管を通じて）システムがエネルギーを繰り返し取り込み、利用し、回し合う手段をもっていればいるだけ、システムが受け入れるエネルギーの累積的効果が大きくなる」と語られる。また、「多様な集団は、それが受け入れたエネルギーの多様な利用や再利用によってつくり出した豊かな環境内で、拡大を遂げる」と、環境が多様性をもつことについての重要性が強調されている。「導管」といえば、植物における水分の通り道のことだが、ここではエネルギーを循環させる経路という意味で使われている。また、「輸出乗数比率」を棄て、「輸入ストレッチ比率」を採用すべきという、『都市の原理』以来主張されている、輸入からはじまる都市経済の拡大過程が再度示されている。輸出品がなくては輸入はできないのでは、という問いに対しては、「与えられた自然資源は輸入品とみなす、それが地域経済の出発点」という答えを提示している。

自己保全のロジックが次に語られる。経済でも自然でも、そのシステムが「持続可能」であるための本質とは、「活力自己再補給」ができることである。生物は、それぞれのやり方で活力の自己補給を行う。また、経済の面では、「輸入置換」と「輸入転換」による経済活動の例が多くあげられているが、それが機能するための二つの原則、①受け入れられたエネルギーの一部は、さらなるエネルギーをとらえるのにあてられねばならない、②必要な活力を利用したりとらえたりするのに適したふさわしい設備を備えていなければならない、これらは共にすべての自己補給に共通することであるとされている。ちなみに、自己再補給（Self-refueling）という表現は、同書の発行の前年一九九九年に実現した筆者との二度目の対談でも語られている（第6章参照）。なお、この書の登場者の付随的発言で、「都市がだめになったのは、どんな小さな地域に住んでいても、現代のコミュニケーションにより顧客と供給者の網をつなぐことができるから」（邦訳 pp.91-92）といったことがみられるが、この是非については残念ながらほとんど論じられていない。

◉自己修正・「場」の重要性・予測不可能性

「崩壊を避ける」という章が次に続く。「動的安定性」を保つためにシステムが自己修正する方法について語られる。①「分岐」によって、システムが新しい道に進むこと、②「ポジティブ・フィードバック」によって、システムの作用がその結果の情報しだいで強められること、③「ネガティブ・フィードバック」によって、システムの作用がその結果の情報しだいで制御されること、がそれである。もう一つ、④「緊急対応」として、大不況や戦争時には、一時的な公共投資や統制経済が必要である（ケインズの経済理論に関連する）。ソ連経済は、フィードバック機能の欠如により失敗したといえる。また、これらに触れる中で、「必要は発明の母ではなく、機会が発明の母」という考え方が披瀝されるが、筆者なら、「有用性は結果である」と表現したいところだ。ネガティブ・フィードバックの一つである少子化は、年金制度の問題を生むことなども指摘されている。

さらに、「適者生存」はダーウィンの進化論からのアナロジーだが、そこには二つの側面があることが指摘される。すなわち、「競争する（そしてそれに勝ち抜く）」ことと「競争する場を保つこと」の両方が必要だということである。生息地の維持が進化の過程で重要であったということ、また、芸術の役割の一つとして、狩猟を資源破壊的なまでに頻繁化させない制御機能を果たしたこと、等が示される。言葉の起源や変化についての見解も示されている。人間の使う言葉も、経済や自然と同じように自己組織化していくプロセスとして考えられている。

実質的に最後の章となるのは、「予測不可能性」についてである。ジェイコブズは、実際に「予測」が嫌いであった。本書第6章でも示すとおり、「今後の都市はどうなりますか？」という問いには、「そんなことは分からない。自分にできるのは、現在起こっていることについて解釈をすることだけだ」と答えている。この『経済の本質』でも、バタフライ効果すなわち、「小さな原因が変数間を反響しているうちに変化が拡大し、大きな結果をもたらす」ことを指摘し、「複雑なシステムでは、それに対する個別の影響がすべて正確に把握されたとしても、そのシステムの将来はなお予測不可能」であるとしている。「言葉」のアナロジーも再び登場、「言葉の将来の語彙や語法を予測できる者は誰もいない」、なぜなら、「言葉は遣《つか》っていきながら自らをつくっていく」からという。

以上、経済、自然ともに複雑な秩序をもつシステムでありながら、共通する法則がみられること、また、ともにそれが存在する環境に影響を与えながら自らも変化していく者であることが語られている。しかし、この書については、専門の経済学者から批判がある。代表としてロバート・M・ソロー（"Economies of Truth", Robert M. Solow, The New Republic Online, Issue date: 05.15.00, Post date: 05.08.00）のものを取り上げ、それについて考察を加えてみよう。

◉ソローの批判を通しての考察1 「既知の事実」、「単なるアナロジー」

まず、「そのようなことは経済学者なら、誰でも知っている」、逆に「ジェイコブズは、経済学を知らない」ということが指摘されている。たとえば、「費用が高くつくようになった資源への代替物を人々は探し求め、それを何とか手に入れる」（邦訳 p.16）といった代替効果は経済学の常識であり、「発展は共発展に依存する」などということは、開発経済学者なら誰でも知っていると批判する。にもかかわらず、ジェイコブズの書の登場人物は、まるで経済学がそれらの命題を無視しているかのように語っていると。たしかにそれはあるかもしれない。ただ、その内容自体はオーソドックスな経済学の内容と矛盾するものではない。

経済と自然の単なるアナロジーにすぎず、それ以上深まらないという批判が続く。たとえば、ある産業がある国の中で発展・衰退する有様は、生物の進化プロセスに喩えてもかまわないが、当然、経済活動として分析するには、企業の行動規範、投資銀行の役割、ビジネススクールの講義の内容なども考慮に入れるべきだ、という。これに関してジェイコブズの著作の中では、「協力」という言葉に関し、無自覚的協力（邦訳 p.27）をどうみるかということについて、ひと議論が行われている。すなわち、アナロジーが擬人法に陥ることについては、ジェイコブズはそれなりに十分注意はしている。しかしなお、問題は残るのだろう。自然と経済は似てはいても、後者における「意識」の存在は大きな違いであるというのがソローの批判の骨子といえる。確かに、経済というよりその活動全体を通じて、人間とそれ以外の動植物との大きな相違は、方向性や全体性を「意識」して行動するかどうかである。この点では、ソローの批判が的を得ている。

同様に、輸出・輸入について、経済学者は、規模の経済、輸送コスト、需要パターン等を明示的にモデルに組み入れようとした。ジェイコブズの書には、これらの要因に対する考慮が全くない、と。これもたしかに経済学としてはそうであろう。一方で、ジェイコブズは、すべてのことをあらかじめ予測しておくことは不可能（「予測不可能性」）というスタンスで、最大公約数的に経済と自然に共通してみられる現象にフォーカスしているように思われる。両者の意図の違いということだろうか。

◉ソローの批判を通しての考察2 「理論的に疑問」、「現実的には難しい」

理論的・現実的におかしいという批判もあり、それは次のようなことである。「輸入置換」による拡大論などのように「輸出入にこだわる」と、おかしなことが生じる。自給自足の小さな孤島を考える。そこには外部との接触はない。しかし、島の真ん中に国境が引かれた途端、経済活動に何の変化もなくても、「輸出」と「輸入」が生まれることになる、と。しかし、この批判には疑問がある。島の真ん中に国境が引かれれば、「何の変化もない」ではすまない。学校のグラウンドに白墨で線を引くのとはわけが違う。その間を行き来するのにはパスポートが必要になり、物資のやりとりには関税がかかる。政治体制が違う等の理由で国同士の関係がよくなければ、さらに様々な障壁が生じることが考えられる。そもそも国境は、それぞれの国の独立性・独自性を維持しようとして引かれるものである。平和的に行われる場合もあるが、戦争・紛争の結果であることも多い。また、それが新たな争いの種になることもある。さらに、国境が引かれた後には、それぞれの国での経済活動の有り様も異なってくる。「輸入」とはそれだけの障壁を超えて、交易という営みの結果行われるものである。この件に関しては、ソローの批判にみられる設定のほうが、むしろ単純すぎるのではないか？「そうはいっても難しい」という類の批判も述べられている。「輸入ストレッチ」の係数を都市単位で算出するのは困難であると。ジェイコブズの書の中では、「ある期間におけるある地域の生産総額をその地域が受け取った財・サービスの輸入額で割ったもの」（邦訳 p.75）と定義され、原理的には簡単なように書かれている。たしかに、実際の計算は容易ではないかもしれない。しかしたとえば、高度経済成長期の日本の全国総合開発計画（全総）の新産業都市指定の効果について、他地域より所得が多くなったという評価が以前行われたことがあるが、効果としてはその額が、補助金や優遇税制分以上であったかどうかを検証すべきであり、このための切り口として、『経済の本質』は重要なものを提供しているといえるであろう。

◉ソローの批判を通しての考察3　両者の食い違いの原因は？

また、多少の言葉遣いに解釈の問題もあるようだ。"refuel"（活力再補給）の比喩はソローに正しく伝わっていないように思う。ジェイコブズが意味するのは、輸入置換によるプロセスの中で、さらなる拡大のための生産活動への再投資のようなことが可能になるといったイメージなのだが、ソローは、文字通りの「給油」とでもとらえているようで、批判がかみ合っていない。

ソローは「より基本的な問題」として、経済活動の構成が地球上でなぜ一様でないのか？いったいなぜ労働の専門化や地域的な分化が起こるのか？ということをあげている。その明らかな理由としては、気候や地形、交通条件、天然資源などに地域的な違いがあるからである。そして同程度に重要なこととして、「規模の経済」が働くからである。ある種の製品は大量生産した方が技術的に効率的に生産できる。そうなれば、当該地域市場で消費される以上のものを生産でき、それを輸出し、その替わりに他の地域の生産物を買えることになる、という。

ただ、この主張は、ジェイコブズのいう「輸入置換」や「輸入ストレッチ」と何ら矛盾しない。前節で述べたとおり、輸出品がなくては輸入はできないのでは、という問いに対する答えとしては、「与えられた自然資源は輸入品とみなす、それが地域経済の出発点」と、「輸入」を広義にとらえることにより整合性をとっている。その条件に加えて「規模の経済」(これについては、たしかにジェイコブズは明示的には触れていない)が作用した結果として、地域経済の差異が生まれると解釈すればよいだろう。また、ソローは、歴史的な偶然から生じる専門化ということにも触れているが、これはジェイコブズの書の内容でいえば、「予測不可能性」に通じることである。

●自然と経済再考のきっかけとして

最後にあえて、ジェイコブズもソローも言及していないが極めて重要なことに触れておきたい。「エントロピー増大の法則」とよばれている自然の摂理、文字どおり自然現象に関する物理的制約である。ジェイコブズは、エネルギーが「導管」(これは、物理的な経路網・社会的なネットワークの両面を比喩的に指す)を経由し、多様な利用や再利用が行われることにより、豊かな環境がつくり出されるというのだが、実際に、「導管」をめぐっている間に物理的エネルギーは保存されながらも劣化する。「熱力学」おいては常識であるが、案外意識されていないのではないかと思う。物理的エネルギーは、その形態の変換によって「創造されたり破壊されたりすることはない」(邦訳p.57、要はエネルギー保存の法則)ことはたしかだが、変換が行われるたびに、無秩序化していく。平たくいえば、エネルギーが散漫なものになる。質が悪くなり汚れていくのである。これは、文字通り自然現象の絶対的な制約であり、経済現象にも必然的に影響を与える。逆にいえば、増大するエントロピーを処理するための営為が必要とされ、たとえばエネルギー転換の際生じる廃熱を冷却したり、廃棄物を洗い流したりすることが重要なのである。日本は、産業革命以降のリーディングインダストリーの原材料である鉱物資源は少ないが、増大するエントロピーを処理するために大量に必要とされる水資源はむしろ豊富である。世界に誇るべき(?)勤勉さ以外にも重要な資源があることを忘れてはならない。ジェイコブズの言葉を借りれば、あらかじめ「輸入」されている水という資源があるのである。

最後に、自然と経済について改めて考えてみれば、人間の活動も自然の一部という言明は、日本（あるいは東洋）的文脈では、情緒的に簡単に受け入れられてしまう。人間が万物の長と考える西欧とは一線を画する。ただ、それぞれを単独のシステムとしてとらえた場合の相似性ということは、洋の東西を問わず案外いわれていないのではないだろうか。また、地球環境問題、持続可能性の議論にしても、実は、「地球を守る」のではなく、要は「人類の存在を可能ならしめている環境を守る」という意味であるのだが（なぜなら、人類が居ようが居まいが地球自体は存在し続けるであろうから）、そのような環境の持続可能性を危うくさせている経済活動も、システム的には自然の法則に縛られているということを、ジェイコブズのこの書が（エントロピー増大の法則を除いて）示したことには重要な意味がある。たんなるアナロジーであっても、それを意識の上にのぼらせる意義は、それなりに大きいのである。

5-3 『壊れゆくアメリカ』が意図するもの

さてようやく、彼女の絶筆となった*Dark Age Ahead, Random House*（2004）、中谷和男訳『壊れゆくアメリカ』（2008）にたどり着いた。原タイトルを直訳すれば、『迫り来る暗黒時代』である。本来ジェイコブズは第6章で触れるように、生来は楽観的であり鷹揚《おうよう》な人物である（少なくとも二度の対談を通じて私にはそう思えた）。しかし、このタイトル、そして全体の内容が醸し出すムードは何とも悲観的で、焦燥や怒りにも似た感情に満ちあふれている。

●原理主義と身近な五本柱

彼女はまず、ローマ、メソポタミア、中国文明等の例をあげながら、全盛を誇った文明が崩壊にいたり、忘却の淵に沈むプロセスを概観する。ジャレド・メイスン・ダイアモンドの『銃・病原菌・鉄』⑴（2000）を援用し、その要因を洗っていく。政治的分裂、環境破壊、政争や他民族による征服など、表面に現れる現象は様々であるが、それらに共通にみられる特徴として、要塞への閉じこもり（心理的な意味での）、ファンダメンタリズム（原理主義）への傾斜といった、外部の影響から自己を遮断するだけでなく、外部世界に影響を及ぼすこともなくなる社会的心証が、衰退の根本にあるとする。壮大な文明論だ。しかし、この序章の最後で、彼女が文明の五本柱としてあげているのは次のようなことである。①コミュニティと家族、②高等教育、③科学および科学にもとづくテクノロジーの効果的な実践、④税と政府の力、⑤知的プロフェッショナル、いわば、文明崩壊の予兆は生活の破綻にあり、というのが彼女の主張である。

以下、ジェイコブズは、予兆としての身近な事項を順次検証していく。

◉家族・大学・科学

まず「家族は衰退する」。ジェイコブズは、生物学的単位である「家族」と、経済的単位である「世帯」を区別しているが、少なくとも、「家族は社会の基盤」という考え方は否定する。逆に「社会が家族の基盤」なのであり、それぞれの社会情勢に応じて家族のあり方も変化するとしている（「世帯」ならなおさら、ということが言外に込められている）。また、孤立する核家族がワーキングプアとなるような問題については、コミュニティからの支援が不可欠で、世帯が多様に姿を変化させることにより問題に対処すること、またそれに応じた政策が必要であるとする。

次に来るのは、「資格崇拝と腐った大学」。大学の学位がお免状化している状況を嘆く。大学に奉職する者としては、何とも身につまされる内容だ。教員と学生との接触・交流により、専門分野の知識を獲得し見識を深め、人間的にも成長するという本来の目的を見失い、ベルトコンベアー式の資格獲得機関と成り果てた状況が縷々綴られている。彼女自身は、社会人となってからコロンビア大学で聴講生となり、学ぶことを大いに楽しんだようだが学位にはこだわらなかった。それと対極にある昨今の大学の状況にはやるせない思いがしたのは想像に難くない。

「放棄されたサイエンス」がそれとの関連で続く。若き日の記念碑的なエポック、ロバート・モーゼスとの論争に代表されるような、自動車の流れを流体として扱うことの隘路、利用者の交通機関選択時の心理的要因を顧慮しないことによる矛盾が語られる。シカゴ熱波による犠牲者数の分析例では、ネオコン・シンクタンクの単純な分析と、若い大学院生によるコミュニティの特性を組み入れた分析を対比し、データ分析の「切り口」の重要性を語っている。

◉税・エリート・スプロール

次いでは、「いい加減な課税システム」。課税において重要な「下級機関への権限委譲」と「財政的アカウンタビリティ」を検証する。トロント市の住宅政策と州政府の思惑のずれが、「つくり出された貧困」を生んでいる実態が明らかにされ、「文明の社会的資本は系統的に浪費されている」(邦訳p.137)と指摘する。ここでもネオコン(新保守主義)批判がある。公益事業・公共施設は十分な自己収入をあげるべき、との考え方に基づいた政策により貧困層が生み出されているという。

続く、「自己管理できないエリートたち」では、聖職者とよばれる人達の自己規制と自己管理が扱われる。『死と生』を書く以前に担当していた建築関係の雑誌では、作品に批判的なコメントを載せないことが暗黙の了解となっていたことが語られる。エンロン事件にみる不正会計(実際に不正を行ったのは、会計士ではなくコンサルタント)も実例としてあげられている。最後に、メーカーが「所有権のある耐久的な部品だけを回収して修理し転売する」しくみ、つまりは「リサイクルにつながる会計の発明を」という提案が行われている。

「スプロール化から悪循環へ」は、ジェイコブズお得意の郊外批判・自動車批判でもある。既成市街地に対する銀行のレッドライニング(赤線引き)によるスラムの撤去は逆効果であり、その結果建てられたプルーイット・アイゴー団地は逆にスラム化し、爆破解体のやむなきにいたったことが指摘される。ブルーバード(大通り)が安全でないというドグマの批判、ゾーニングの功罪など、『死と生』

以来一貫する、彼女のスラムクリアランス型再開発への攻撃は、この書でも衰えていない。

◉わずかに明るいエピローグ

最後に、「暗黒時代は避けられるのか」と題して、少しばかりポジティブな内容の章で締めくくられる。人類が、農業と牧畜の段階から、産業革命を経て人的資源による開発の段階に転じ、西欧世界が栄華を迎えた反面、その植民地にとっては、独自の文化とアイデンティティが失われ、自立性を喪失した暗黒時代に至った経緯がたどられる。一方で、日本とアイルランドには暗黒時代はなかったとされ、歴史の「断絶」のない文化への憧憬(?)が吐露されている。これはインタビューでも伺うことができている(第6章参照)。最後に、アメリカにおける音楽の多様性の指摘と「人民の、人民による、人民のための政府は地上から消え去ることはない」というリンカーンの言葉をもって、かろうじて、幾ばくかの明るさを感じさせるフレーズでこの書は終わる。この中核的価値を守るために細かな揺り戻しを記憶にとどめていくシステム、複雑な文化のネットワークを安定的に構築するシステム、その必要性を謳い可能性を信じながら。

◉時代背景と意図を読む

絶筆であるこの書と処女作『アメリカ大都市の死と生』との間に、『市場の倫理　統治の倫理』があることは、実に象徴的である。都市について、「統治」が行きすぎた時代にそれに対するアンチテーゼを書いたのが『死と生』であるとすれば、反対に「市場」の倫理が猛威を揮った時代にそれに警告を鳴らしたのがこの『壊れゆくアメリカ』であると考えられるからである。全文を通じて、ネオコン（新保守主義）への批判が遍在しているが、それは、二一世紀初頭、アメリカのジョージ・ブッシュ政権に多大な影響力を与えたイデオローグである市場原理主義に対する、ジェイコブズの不快感の表明といえる。

冒頭の章で、文明を崩壊させる社会の根底にあるものとして、彼女は、より一般的に「原理主義」あるいは「閉じこもり」といった社会心理的状況をあげる。イスラム原理主義、それに対抗するWASP原理主義、市場原理主義としてのネオコン、そして昨今のティーパーティー等もそれに含まれるのかもしれない。資本主義の基盤となったプロテスタントの倫理と、「金融」や「利殖」を認めないイスラムの教義との対立は必然的なものといえるが、双方の「原理主義」がかたくなに睨み合った結果、抜き差しならない状況に立ち至っていることを彼女は敏感に感じ取っている。

同時に「忘却」というキーワードも重要な役割を果たしている。すなわち、何らかの理由で、偏狭な二元的価値に固執し他の文化や他者との交流を絶ってしまった文明は、自らの依って立つ所を忘れ、衰退の一途をたどっていくしかないことを彼女は指摘している。また、J・ダイアモンドの『銃・病原菌・鉄』の援用は興味深い。ダイアモンドは、ヨーロッパ文明が近世以降、世界で支配的となった要因について、メソポタミアにおける環境破壊、新大陸における現地の人々に耐性のない病原菌のもち込みに注目していくのだが、ジェイコブズはそれにより、文明が忘却の淵に沈んだことに注目していく。その中核的価値が忘れ去られた文明には、共通の運命が待ちかまえている。

◉日本の問題として

そのような、大それたスケールの問題を扱いながら、彼女がもち出してくるのは、実に人々の生活に近い論点である。文明の基礎は生活にあり、とでもいいたげなこのスタンスは、ジェイコブズ特有のものといえる。それにしても、衰退する家族、腐った大学、放棄された科学、いい加減な課税システム、自己管理できないエリート、スプロール化…と並べられると、最近反対の傾向である都心回帰が一般化した「スプロール化」以外は、彼の国の話ではなくまるで日本のことをいっているような錯覚にさえ陥る。西欧文明を相対化できるだけの力をもった文明、あるいはその一つのカウンターパートとまでに日本の文化や経済を評価していたと思われるジェイコブズが、今、このような状況をみたらどう思うのだろうか。何とも不気味な類似性だが、要は現代の先進国に共通する病と考えなければならないのだろう。そういった意味では、まさに「文明」に深くかかわる現象であるといえる。

日本とアイルランドについての過大とも思える評価には、どう応じればよいのだろうか。二〇〇八年の世界金融危機のあおりを受けた不動産バブル崩壊に端を発してから二〇一〇年現在、アイルランドの財政危機は深刻のようだが、一方、国連開発計画（UNDP）が発表した「人間開発指数（HDI）」（経済力、教育、健康などを総合して人間の豊かさを示す指標）では、世界第五位で、ノルウェー（一位）や米国（四位）に次ぐ高いレベルにある（二〇一〇年十二月十六日付朝日新聞朝刊第9面。ちなみに日本は十一位）。経済以外の側面では、案外豊かな国であることがうかがえる。その秘密はどこにあるのだろう?

また、江戸期の日本においての基幹産業は農業であり、鎖国政策と相まって西欧的な意味での「発展」は止まっていた。しかし、識字率はかなり高かったとされている。農村でさえ読み書きのできる者がいることは珍しくなかったとされ、識字者が都市部の支配階級に限定されるヨーロッパ諸国等とは大きな違いをみせていた。「第8章　暗黒時代は避けられるか」では、農業文明からの脱皮が読み書きのできる人間を生み出すように語られている（邦訳 p.204）が、これは、日本においてはあてはまらないようだ。一つの謎といえるのかもしれない。明治維新以降は、西欧型の発展を追随してきた日本であるが、往時と技術レベルやグローバリゼーションの有様は大きく異なるものの、そのようなことの再検証から現代にも得られるものがあるのかもしれない。先述のとおり現象面で同じ病状を呈する日本が忘れかけているものは、アメリカや西欧と同じものなのだろうか？ それとも、別の何かなのだろうか？ それは、わずかながらでもまだ残されているのだろうか？ それとも、もはや何を忘れたかさえ忘れ去られてしまったのだろうか？

◉〝偉大なる素人〟の憂鬱

それにしても、この書の筆致、特に後半は、何かを急いでいるかのような書きぶりだ。その理由が何であったのだろう。文字通りアメリカや西欧文明の危機を察知し、それに警告を発しようとする使命感であったのか、あるいは、単に自らの「迫り来る死」を予感して、個人的な焦燥感に駆られていたのか。晩年、「日本は滅びる」と憂いを隠さなかった司馬遼太郎、「将来への漠然とした不安」を抱えて自ら命を絶った芥川龍之介、そんな姿とも重なってみえる。

身近な日常生活と壮大な文明史というような二極端の間につながりを求めようとする手法は、前書『経済の本質』でもみられた本質をえぐるための論理単純化とともに、都市を数理的モデルで分析しようとする「都市解析」の分野ではしばしば行われることであるが、あまりメジャーではない。

切り口を明確にする反面、その切り口に乗らない情報を落としてしまうという功罪があるが、分野を横断する視点は、玄人でないからこそもちうることでもあり、ジェイコブズの場合、〝偉大なる素人〟の戦略の一つなのかもしれない。

この書がリンカーンの言葉で締めくくられるのは実に象徴的だ。「人民の、人民による、人民のための政府」―彼女が、忘却されることを真に恐れていることの一つは、まさにこの中核的価値であることがわかる。この書がパックス・アメリカーナへの少し早すぎた挽歌なのか、病める西欧型現代社会を荒治療するための劇薬なのか、はたまた個人的な感傷なのかは、今の段階では時代の評価に待ちたいと思う。「『暗黒時代が今そこに』と題すべき」（ワシントン・ポスト紙）との賛辞もあるほどだが、わが国においては、概してクールに受け止められているというコントラストも気にかかるところだ。

大仰な問題設定とエピローグ以外を埋め尽くす悲観的ムードに批判はあろう。しかし、この時期にこの書を書かなければならなかった必然性は、少なくとも私には理解できる気がする。予測嫌いの彼女が二年後の自らの死を予感していたとは思えない、いや予感していたとしても意地でもその予測はしなかったと思うが、決して楽観できない現代社会の行く末については、そういう信念を曲げてでも吐露せざるをえなかったのだろう。その意味において、渾身の絶筆である。

5-4 ジェイコブズの著作全体の相互関係

さて、第3章、第4章および本章の前節までの内容をふまえて、ジェイコブズの著作間の相互関

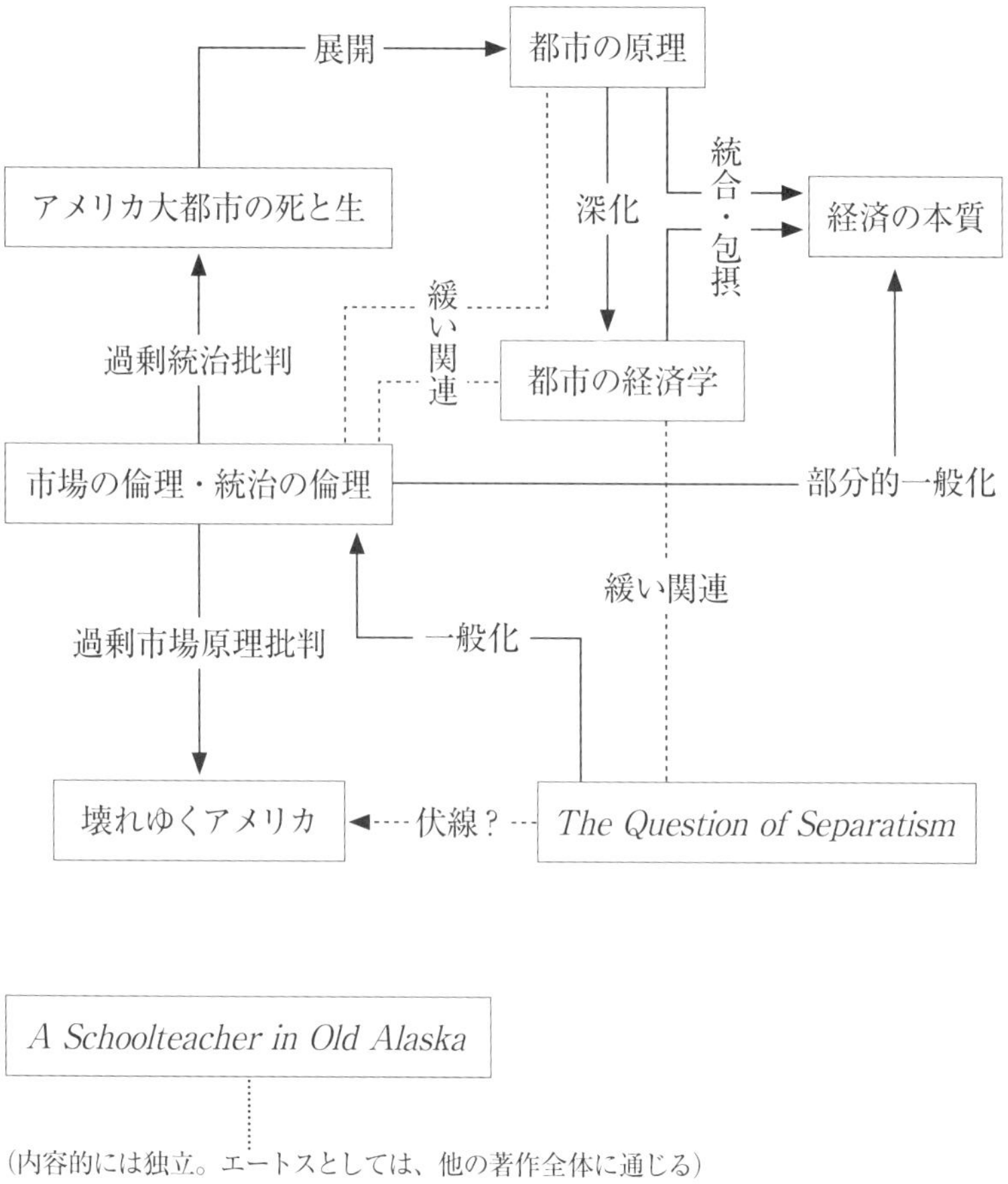
都市の原理
展開
アメリカ大都市の死と生
深化
統合・包摂
経済の本質
緩い関連
過剰統治批判
都市の経済学
市場の倫理・統治の倫理
部分的一般化
緩い関連
一般化
過剰市場原理批判
壊れゆくアメリカ
伏線？
The Question of Separatism
A Schoolteacher in Old Alaska
(内容的には独立。エートスとしては、他の著作全体に通じる)

図5-1　ジェイコブズの著作間の関連図

係を連関図に示してみたのが図5-1である。これまでのまとめとして、この図を眺めながらジェイコブズの業績を振り返ってみよう。

まず、図の横方向にみるとおり、『死と生』から『都市の原理』へと展開され、続いて『都市の経済学』へと深化され、そして『経済の本質』へ統合されていく一つの大きな流れがあると考えられる。『死と生』自体にもすでに都市の経済に言及している部分がみられるが、『都市の原理』ではその論点に明確にフォーカスが定められ都市の起源論や都市経済発展の原理がマクロな形で示され、それを受けて『都市の経済学』では、経済発展を捉える単位としての都市の重要性がミクロレベルで語られる。そしてこれらを、統括する形で書かれたのが、『経済の本質』であるといえる。発展、拡大、持続可能性といったより抽象化したレベルで、経済現象の本質が自然とのアナロジーを駆使しながらまとめられている。

また、この章第3節でも触れたように、図の縦方向に通る軸で示すとおり、『死と生』、『市場の倫理　統治の倫理』、『壊れゆくアメリカ』の三作は密接に結びついているように思われる。すなわち、『市場の倫理　統治の倫理』を基準として、『死と生』は二〇世紀半ばのオーソドックスな都市計画にみられた「過剰統治」に対するアンチテーゼ（図の矢印は発表順序とは逆となるが）、一方、『壊れゆくアメリカ』は、二〇世紀終わりから今世紀初頭のネオコンによる「過剰市場原理（主義）」または「WASP原理主義」に対する批判と位置づけることができるからである。

二軸相互の絡み合いもある。それは、『市場の倫理　統治の倫理』を中心として考えられる。同書は、『都市の原理』、『都市の経済学』と、経済的倫理を扱っているという点で緩やかな関連をもち、また、市場の倫理の部分をより一般化した形で示したのが、『経済の本質』であるということができよう。

この二つの大きな軸に、*The Question of Separatism*（第2章補注（24）参照）が緩く絡む。カナダ・ケベック州のケースにより「自治」の単位の問題を扱った同書は、『市場の倫理　統治の倫理』により一般化されていく。また、地域をとらえる際の単位の問題という意味では『都市の経済学』とも緩やかな関連をもち、地域政策の主権の在処の問題を展開する『壊れゆくアメリカ』への伏線とも考えられる。また、*A Schoolteacher in Old Alaska*（第2章補注（34）参照）は、内容的には独立したドキュメンタリー・エッセイだが、「先駆者」としてのエートスとしては他の著作全体に通じるものをはらんでいる。

すなわち総じていえば、ジェイコブズの著作は相互に関連し、展開・深化・対比等のネットワークを形成している。それは、彼女の思考の道程を示しており、種々の切り口から叢生する瑞々しい思索の青葉を豊かに茂らせているようにみえる。本書は、これらの中でも、ホロニックな有機体である「都市」に関連する内容を中心に、繁茂する繁みをかき分けつつ、そこに潜んでいる果実を味わっているということができよう。

以上で、彼女の著作をめぐる考察をひとまず締めくくりにしたい。次章では、彼女自身に大いに語ってもらうことにしよう。

【補注】

（1）Jared Mason Diamond:*Guns, Germs, and Steel : the Fates of Human Societies*, W.W. Norton（1997）ジャ

レド・メイスン・ダイアモンド著、倉骨彰訳『銃・病原菌・鉄──一万三〇〇〇年にわたる人類史の謎（上・下）』、草思社（2000）で、一九九八年度のピューリッツァー賞受賞（一般ノンフィクション部門）現在、カリフォルニア大学ロサンゼルス校（UCLA）教授。

第6章……ジェイコブズ自身に聞く

――都市および日本へのまなざし

第二回インタビューの際に—トロントにあるジェイコブズ邸にて(1999.9 photo. by Tamagawa)
〔右から、隣人のエーディルマン敏子氏、ジェイン・ジェイコブズ女史、筆者、筆者妻〕

前章まで、ジェイコブズの足取りを、彼女が遺した著作を中心にたどってきた。本章では、それらの著作に書かれていること、そうでないことを含めて、彼女自身がリアルタイムで語った言葉で、ジェイコブズの考えを綴ってみたいと思う。幸い、筆者の一人である玉川は、一九九〇年八月一八日と一九九九年九月二日、カナダ・トロント市の自宅で彼女に直接インタビューする機会に恵まれた。初回の時期は、日本がバブル経済絶頂期である一方、アメリカは不況期でかつ湾岸戦争に突入しつつある不穏な時代であった。また、二回目は、日本がバブル崩壊後の平成不況のまっただ中という時代である。

また、初回のインタビューにおいては、『死と生』を中心として、『都市の原理』、『都市の経済学』の内容をも視圏に入れながら行われた。また、二回目は、『市場の倫理　統治の倫理』まで（邦訳のないものも含めれば、*A Schoolteacher in Old Alaska* まで）の著作が発刊されており、二〇〇〇年に発刊の原書『経済の本質』の内容がほぼ固まっていたと思われる時期にあたり、発言の端々にもそれが感じられるものとなっている。二回のインタビューの引用は、いずれも本人から公開の許諾を得た部分の主要部を、テーマ別に整理・編集したものである（初出文献（1）（2）。ここでは、これらの内容を再構成し、さらに解説を補足した）。今に至っても、快くインタビューに応じていただいた当時のこと、また公開を快諾いただいたジェイコブズ女史に、改めて深謝申し上げたい。

6-1　都市の安全性をめぐって

◉「アメリカ大都市の死と生」の背景

まず第一回目となる、九〇年インタビューの冒頭から。

玉川（以下T—と略記）　お忙しい中、お時間をいただきありがとうございます。まず、『アメリカ大都市の死と生』（以下『死と生』と略記）が反響をよんだ理由をどうお考えでしょうか？

J・ジェイコブズ（以下J—と略記）　『死と生』はすでに六カ国語に翻訳されました。私も予想しなかった反響を呼んだのは、国や文化の違いにかかわらず、都市の役割というものに共通な点があるからだと思います。私はこの本を書いているとき、人々の常識だけを用いていました。人々は、自分のよく知っていることに対しては極めて多くのセンスをもっているにもかかわらず、専門家がおかしなことをやるのを許してしまう傾向があるからです。したがって、私はその常識を書いたわけです。

T—　なるほど。特に、あなたがこの本を書かれた当時、一九六〇年頃のアメリカの都市開発は破壊的なものであったということが…。

J—　それがもう一つのことです。イギリスの伝統の中で、都市を嫌う多くの人がいます。そして、その伝統こそが近代都市計画を生み出したものなのです。当然、破壊的になるわけです。

サム＝ウォルナーの『ストリートカー・サバーブズ』（筆者注：Warner, Sam B. Jr., *Streetcar Suburbs*, Harvard Univ. Press and the M. I. T. Press, 1962）によれば、ヨーロッパからアメリカにわたってきた移民にとって都市は金をもうけるためのところで、「成功したら住居は郊外にもつのが理想だった」とのことですが。

J—　それは、そのようにすべきであると都市を嫌う人たちから教え込まれているということに一つの原因があります。ごく一部には、都市の内部で富裕階級の住んでいる所もありましたが——。ここトロントは違います。人々は都市の外に出ていこうとはしません。都市中心部にたくさんの人々が住んでおり、とても活気があります。その一つの理由には、都市の内部に住居を買うことあるいは修繕することに対しても、お金を借りることができるということにあります。私が住んでいた頃のニューヨークでは、郊外に移るときにしかお金を借りることはできませんでしたから。金融面での要因も関連しているのです。もっとも、近年かなり状況は変化して来ているようですが。

「常識」を書いたというのは、おそらく偽らざる心境なのだろう。実際、『沈黙の春』のレイチェル・カーソンらとともに、過度に専門分化されつつあった科学の陥穽に、生活者の常識を武器に警鐘を鳴らした〝偉大なアマチュアの時代〟の主役としての評価（"When Jane Jacobs Took On the World", *THE NEW YORK TIMES BOOK REVIEW*, Feb. 16,1992）は、それを裏づけるものである。

◉犯罪増加の深層について

続いて、犯罪の問題に話が及んでいく。

T——アメリカの都市の犯罪についてですが、たとえば私が今住んでいるボストンでは、犯罪多発地域は郊外へ拡散していく傾向がみられます。あなたが『死と生』を書いた頃は、ロックスベリーあたりがそうでしたか

J——あの頃はそうです。しかし、ノースエンドはとても安全でした。今は、どうですか?

T——ノースエンドは今も安全です。ロックスベリーやサウスエンドは今も危険です。さらに、危険な地区は市の周縁部に広がっていっています。

J——事態はよくなってはいないようですね。私は、ニューヨークにやってきてまもなく、一九三〇年代の頃を思い出します。その頃、暑い夏の夜には、何千人という人々が毛布一枚もってセントラル

パークへ寝に出かけていました。私も妹と一緒によく行ったものです。

T―　夜中にですか？ 信じられないことですね。

J―　また、一九四〇年代、六階建てのアパートの最上階にいましたが、夏の夜あまりに暑いので、屋上で寝たりしたけれども、危険を感じたことはありませんでした。また、その後、ハドソン通りへ引っ越した際、一階の旧店舗をリビングルームに改修する途中で、後部の外壁を取り除いた際、一冬にわたって紙だけを張っていたときがありましたが、近所のネコ以外には誰も忍び込んでくる者はいませんでした。こういったことが、一九五〇年代以降、あの「都市再生事業」（urban renewal）のおかげですべてだめになってしまいました。あれは、「再生」ではなく「破壊」です。人々は散り散りバラバラにされ、犯罪は増大し、犯罪のためにつくられているとしか思えないような建物が増加しました。私が興味をもっているのは犯罪だけではありません。その都市の経済の活発さや、人々にとってその都市の生活が便利で楽しいものであるかどうかも、表裏一体の問題だと思います。

T―　ということは、犯罪と経済的沈滞が同じ原因から起こると…。

J―　そして、人々の都市に対するあるいはお互いに対する感情も同様です。不便だとお互いに対して苛つく原因にもなります。

（中略）

J―　昔、ニューヨークには多くの「手押し車」（push cart）がありました。人々が様々なものをワゴンにのせて、手で押して歩きながら街頭で売るのです。野菜や下着やブラシなどいろいろなものを私たちは「手押し車」から買いました。これは、都市へ移って来たばかりの貧しい人々がとりあえず生計を立てていく手段であり、大都市の生活を学びそれに同化していくための第一歩でした。ところが、第二次大戦後、黒人達が大量にニューヨークに移住して来る前になって、ニューヨーク市はこの「手押し車」をもはや認めようとしませんでした。当局は、「手押し車」を見映えが悪くだらしないものと考えたのです。ほどなく、イースト・ハーレムにあった大きなマーケットも、黒人たちが必要したであろうに、その前に市によって閉鎖されてしまいました。このため、黒人達は、ニューヨーク―ボストンなどたいていの他の都市でも事情は同様ですが―での生活を始める手段を失いました。これはとてもまずいことでした。誰もこういうことについては、話そうとしません。

同様なことがプエルトリコ人についてもいえます。一九四〇年代、多くのプエルトリコ人がニューヨークにやってきて商売をはじめ、かなりの成功をおさめていました。彼らは、互いに協力し合って経営を行っていました。しかし、「都市再生事業」が行われはじめると、彼らの商店は取り壊され、何の補償も与えられず、彼らは本当の意味で貧困層に身を落としていきました。これは、彼らの一世代にわたってのビジネスチャンスの終わりを意味しました。すなわち、都市の経済と特定の民族集団とが、深く傷つけられてしまったわけです。

今、ニューヨークでは韓国人の小商店が栄えています。しかし、韓国人の方が黒人やプエルトリコ人よりすぐれているからというわけではなく、ビジネスをはじめるときの条件が異なっていたことによるものなのです。

T― ニューヨークという都市が、彼らにとって、孵卵器（incubator）の役割をなくしてしまったというわけですね。

J― そういうことです。貧しい新参者達にとって。こういうふうにビジネスを始める機会を失った人々は、違法な麻薬の売買へと向かいました。しかし、これは極めて破壊的な悪いビジネスです。

T― それがまた、新たな問題を生んだわけですね。

J― こんな問題は日本にはありませんよね。

犯罪の増大については意外な深層が語られている。大都市の本当の「陰」を呼び起こしてしまったものが一体何であったのか、ということに対する重要な問題提起である。なお、街路を活気ある状態にしておくことが犯罪に対する安全性に繋がるという点に関しては、Ed Zottiが、"Eyes on the street"が若い世代のプランナーの標語になっているという事実を指摘し、彼女の主張の定着を示している（"Eyes on Jane Jacobs", *The Best of Planning*, Planners Press, pp. 91-95, 1986参照）。

◉犯罪に対する安全性と災害に対する安全性

九九年インタビューでは、より幅広く、犯罪に対する以外の「安全性」についても語ってもらった。

T― 犯罪に対する安全性によく言及しておられますね。ただ、日本では今のところその問題はそれほど深刻ではありません。しかし、地震や自然災害に対する安全性は非常に深刻な問題です。私は、犯罪に対する安全性と災害に対する安全性は相反する場合もあると思うのですが…。

J― 同じことではないですよね。

T―災害特に地震に対して安全な建物を建てようと思えば、広い道路や広いオープンスペースなどが必要になります。でも、犯罪に対しては、広い公園はよくない場合があるのではないかと…。

J——そこが十分管理され、利用されるなら両立できることだと思いますよ。場合によるのではないかと。

ちょうど息子がニューヨークから帰ってきたところですが、家族でトンプキン広場でのコンサートに行ったそうです。以前私達が住んでいた頃は、とても危ないところで、行ってはいけないと言われていた公園で、麻薬取引、盗品販売業者、不法居住者でいっぱいでした。ところが現在は、安全ですばらしい公園になっており人々が楽しんで利用しています。これは他の様々な公園についても言えることで、小さな公園であるシェラトン広場なども、以前は麻薬業者であふれていたのに、多くの読書する老人達や遊びに興じる子供達等に利用されているようです。公園が必ず犯罪の多い場所になるとは限らないわけです。セントラルパークも随分改善されましたよね。

（中略）

公園は、誰も楽しまない所だと危険な場所になるのです。また、公園で許されないことは、麻薬取引などのように、どこでも許されないわけです。

T——大地震、たとえば阪神・淡路大震災が起こったとき、人々は公園を仮の居住地として利用します。公園や学校の校庭に仮説住宅を建てたりして。

J——地震の際にはオープンスペースにいることが必要ですよね。物が落下してくるような心配がないように。

T——そうです。しかしそこが、日常的に犯罪等で危険な所だと、仮設住宅を建てる場所としても利用されないのではないかと思います。ですからそう考えると…。

J― 地震にかかわらず、都市のオープンスペースは犯罪に対して危険な所であってはなりません。仮説住宅のために利用するかどうかに関係なく、どんな場合にもおいてです。地震は一世代のうちに一度起こるかどうかですが、犯罪に対する危険性は日常的な問題です。それは許されてはなりません。

T― ともかく、災害等非常時のために都市の中に公園を作っておくことは必要なのですが、それが、常に人々に利用されると言うことが重要なのですね。

J― そうです。2パーセント程度は非常時のためにあるにせよ、つねに何らかの理由で人々に利用され大切にされるものでなくてはなりません。また、もう一つ重要なのは、都市が必要とされる別のものを破壊してまでおかれるべきではないということです。都市が正常に機能することを妨げてまで存在する必要はないということです。

T― それは、経済的な理由でということですね。

J― そうです。また人間的な理由でということです。ただ容赦なくオープンスペースを挿入し、隣接する地区の様子や、それによって破壊されるものや、変化を受ける多くのものごとなどに注意を払わないこと、それは非常によくないことになります。地震に備えるだけのためにそのようなことを忘れてしまうなんてばかげたことです。

T― なるほど…。

J― それはこういうことと似ています。小さな子供がいたとして、「この子は将来、大学に行って都市計画を専攻するだろう。だから大学に行く準備ができるまではこの子には注意を払わなくていい」というようなものです。その子はあなたの学生になるとはかぎらないのに。

公園は通常時の利用が大切、という主張は『死と生』にも一貫して見られるものであり、災害等の非常時に利用される場合も、通常時の利用がポイントとなることをジェイコブズは主張している。また、オープンスペースの規模とはあまり関連づけていない点は、著作の内容に補足するものとして確認された。いずれにせよ、いわばオープンスペース・パラダイムの相対化といえることが語られている。

6-2 書かれざる日本都市論

実は、ジェイコブズの日本への関心は並々ならぬものがある。まず九〇年インタビューにおける賞賛の言葉から紹介してみよう。

◉日本の印象：断絶の不在と空間の幻影

T——では、日本旅行の印象をお聞かせ願えますか？

J——一九七二年に、日本を訪れたわけですがとても素晴らしかったです。まず、景色も、寺院も、街路も、まるで芸術作品かショーウィンドウのように非常に美しい。戸外の小さな空地に木や花を植えているのもとても美しい。日本のデザインはただただ素晴らしく、古いものと新しいものとの間に断絶がありません…。また、日本の都市の混雑はひどくて息が詰まりそうだと聞いていたのですが、そんなことはありません。人々は人混みの中でどう振舞えばよいかを心得ていて、その動作は、まるで素敵なダンスをみているようでした。日本はたしかに小さな国ですが、「空間の幻影」(illusion of space) というものをもっています。これは空間が広大なアメリカとは対照的なことです。天皇の避暑地であった海岸沿いの村(筆者注・おそらく葉山のこと)で、有名な彫刻家(同注・おそらく鎌倉彫の彫刻家の一人)の家につれていってもらったことがありました。そのとき、私が興味を覚えたのは、その町の一方には汚されていない海岸があり、すぐ裏には山があるというふうに非常にワイルドな自然が町と間近に存在しているということです。その場所それぞれをあるがままの形で認めるということによって、「空間の幻影」すなわちそこにより大きな空間があるという印象がつくられているわけです。もし、豪邸だのプールだのが山のあちこちに散らばっていたりしたら、「空間の幻影」は台無しになります。空間のコントラストはなくなります。大阪から東京まで列車の窓から外を眺めていてもこのコントラストが感じられました。今もこういう感じは変わっていませんか?

T— ウーン。まだまだそういうコントラストはありますが。だんだん薄れてきているような…。

J— それはまずいですね。とても素晴らしいことなのに。また私が感銘を受けたのは、何も古いものばかりではありません。若いミュージシャンの音楽もとても良かったです。日本では新しいものも古いものも同じように尊重されています。これこそ私の求めていたことです。また人だけでなく「モノ」(quality of things) に対する尊重の気持ちがあります。私が気に入ったものの背景にはこのようなことがあるようです。

日本人としては何とも面はゆいものがあるコメントだ。しかし、その中にも随所にジェイコブズならではの視点が織り込まれているのを見ることができよう。日本の都市空間(ただし、彼女が訪日した一九七〇年代前半当時の）に対する過剰ともいえるほどの高い評価、中でも日本特有の、"illusion of space"（空間の幻影）の言明は特に印象的だ。それは通常「縮約の美」といわれていることをより広くとらえた、彼女流の表現として解釈できるのではないだろうか。実在の空間を超えて拡がる壮大なイメージの飛翔、またそのイメージ喚起性を演出する技法のようなものを表しているともいえる。真に日本が大切にすべきものの一つを、的確に示してくれたメッセージのように思う。

◉日本と犯罪――メルティングポットとモザイク、民族の自尊心、多民族国家への階梯

引き続き九〇年インタビューにおいて話題が続く。

T――　ところで、日本で犯罪が少ないのは、家族型社会（family-oriented-society）であるということが大きな理由であると思うのですが。

J――　たしかにそれは一つの要素です。しかし、アメリカだって昔は家族型社会だったのですよ。奴隷として家族から引き離された黒人達にはあてはまりませんが、それでも家族は彼らにとって重要なものでした。プエルトリコ人も伝統的にきわめて家族型の社会です。事情はもっと複雑だと思います。もし仮に、日本で家族型社会が崩れ、その後に犯罪が増加したとしても、それは家族型社会がなぜ崩れたかについてはあまり答えていません。こういったことは一つの理由だけで説明できるものではありません。しかし、ともかくアメリカにくらべればカナダは犯罪が少ない。ここトロントと近接するアメリカの都市バッファローなどとをくらべれば、犯罪率の差は歴然としています。

この問題について、私が重要だと思うのは、人々の自尊心ということについてです。カナダとアメ

リカは、両方とも移民国家なのですが、移民に対して根本的に違う考え方をもっています。アメリカでは、「るつぼ」(melting pot）といわれるように、すべての人がアメリカ人として同化される（はずだ、べきだ）という考え方があります。一方、カナダは、「モザイク」(mosaic）という考え方をもっています。様々な色や形をしたたくさんの破片が全体として一つの模様をつくっていることにたとえられる社会です。私がカナダへ引っ越してきたとき、近所の保育園の子供達が裏庭へやってきて、自分達の出身国を紹介しはじめたことがあります。彼らはそのことに誇りを感じている様子でした。ところが一方アメリカでは、子供は両親がアメリカ生まれでないことを恥じる傾向があります。「るつぼ」は人々の自尊心を傷つけ、若い世代を郊外に向かわせ、家族を崩壊させてしまうのです。

T―　日本人も外国人をそのままで受け入れない傾向があるといわれますが…。

J―　日本ではまだ、実際の場では、そんなに深刻な問題ではないのではないでしょうか。現在、日本にいる外国人は少ないですから。また、逆に日本人のそのような傾向は、一つには、歴史上まだそういう経験が少ないということに起因しているのだと思います。世代が進めば進むほどより外国人に慣れ、しだいによい方向に変わっていくことだと思います。日本に活力がある限り、自然にそういう変化が起こってくると思います。

T―　そうでしょうかねぇ…。いずれにせよこの問題―多くの外国人を受け入れて、なおかつ日本社会が安全で活気のあるものであるかどうかは、日本の一つの試金石（touch stone）であると考えます。

多民族国家への階梯を着実に上ることは、今後の日本にとって重要な課題であるのだろう。なお、彼女は、絶筆『壊れゆくアメリカ』においては、この訪日の際、外出の際に家に鍵をかけない日本の習慣を目撃したことに触れ、二〇〇四年時点では、「こうした習慣も、泥棒を警戒して今ではさすがに廃れたことと思う」と感傷的に振り返っている（邦訳 p.223）。

6-3 日本の都市問題をどうみる?

◉止むをえない「エレファント東京」

九〇年インタビューでは、当時激しかった日本の問題にも話が及んだ。

T―　さて、日本の都市問題として最も大きなものに、一極集中・地域間格差の問題があります。首都東京への人口・企業の集中、そして地方特に農村部の衰退というふうに…。

J―　私の『都市の経済学』の中でも述べているのですが、一国の中の「象のような都市」（elephant city）では、これはほとんどいつも起こっていることです。私には一種の連邦制をとる以外には避けられないことだと思われます。たとえば、北海道が独自の財源をもち、札幌に優先的な成長を認めるといったように。私は、日本は比較的うまくこの問題に対応していると思います。地域間格差があっても、お互い戦い合うようなリスクはないわけでしょう。イギリスも、イタリアも、古代ローマも、一極集中の是正を試みましたが、いまだかつてそれがうまくいった例などどこにもないのです。連邦化し、お金の出所を変える以外に方法はないでしょう。

T―　日本では、第二次大戦後四回にわたり地域間格差の是正が試みられたのですがうまくいっていません。あなたの言葉を借りれば、かなりの政策が「移植工場」（transplant, *Cities and the Wealth of Nations,* pp.93-104）のようなものだから、うまくいかないのだと思うのですが…。

J――「移植工場」は一時的な効果しかありません。それは、子供のない人に子供を与えることはできるが、結局子供のない理由を理解したことにはならないのと同じことです。

T――農村出身の政治家が地元への補助金をとってきて橋や道路をつくるわけですが、それを利用してどんどん若い人が都会に出ていきます…。

J――政治家の出身地に農村が多いことはどの国にもある話です。おそらく、野心を抱いた人間にとっては、農村はあまりにも選択肢の少ない場だからでしょう。そして彼らは農村にお金を引っ張って来るのです。アメリカでも、カナダでも、イタリアでも、フランスでも、どこの国だってそうです。

◉持続可能性の諸相

一方で二回目となる、九九年インタビューでは、都市の「持続可能性」ということについて詳しい話が進んでいく。

J――（持続可能性ということについては）『給油（refuel）できること』、すなわち新たなエネルギーを補充できることが重要です。自然の生物はすべてそうですし、また寄生体の場合には寄生しエネルギーを補充してくれる相手を見つけることが必要です。これは都市にもあてはまると思います。都市も自らにエネルギーを補充し続けねばなりません。したがってそれをどのように行うかが興味深い問題となります。

自然界では二つの基本原理があります。まず、すでに活力を与えてくれているエネルギーの一部を使って次の食糧を得るということです。そのためにはエネルギーをすべて使い果たしてはなりません。もう一つの原理は、そのエネルギーに匹敵する、またはエネルギーの使用を可能にする装備をもたねばならぬということです。これは自然界のすべてに共通の装備があるということではありません。牛は草を食べて生きていくことができますが、われわれ人間はできません。シロアリは木を食べて生活できますが牛はダメです。利用可能なエネルギーを得るためにはそれぞれふさわしい装備をもたねばならず、それを失えば死んでしまうのです。都市について話をもどし、たとえばカンパニータウンについて考えてみましょう。工場がやって来たから、その町は大きくなり維持されてきたわけです。しかし一旦、工場が閉鎖されれどこかへ移転してしまったとしましょう。そこはエネルギーを補充する術を失いゴーストタウンになってしまうでしょう。すなわち、それはタンクを燃料で満たしておかないといけない機械や、プラグを電源につないでおかないといけない機器や、誰かがクランクを回さないといけない装置などに似ています。そういった町は自身でエネルギーを補うことができないのです。

都市がその持続可能性に関して素晴らしいところは、自らエネルギーを補充し続けるという驚くべき特性です。タンクを満たしたりクランクを回したりするのに他者の助けを必要としないのです。実際、都市は自らにエネルギーを補充しさらに、工場をカンパニータウンに送り出すこともできるし、観光客をリゾートに送り出したりすることもできるのです。これは本当に注目すべきことです。自らを持続可能にしているのですから。

（中略）

これは、『都市の経済学』に述べられている「移植工場地域」の主張の再提示でもあるが、同時に、このインタビューの翌年に刊行を控えていた、『経済の本質』のエッセンスの一部ともなっており、一九九三年に再版された『死と生』原書のモダン・ライブラリー版序文でも、この「経済の持続可能性」は強調されている。一方、通常よくいわれる「自然の持続可能性」については以下のような考え方を披瀝してくれた。

J―― もう一つ、現在誰もが気にかけている別の種類の持続可能性の問題があります。それは天然資源が、更新される速度より早く使い尽くされてしまい、枯渇してしまうのではという問題です。都市や町が崩壊したり貧困に陥ったりすることなく、世界の資源を持続させながら自らが存続していく方策を見出すことは大きな課題です。でも、だからといって何もすべきでないということはばかげています。この問題を理解するのにすべきことはたくさんあるのですから。また、とるべき方向性もすでに見出すことができるのです。

たとえば、発達した経済においては、「人間の努力=人的資本」にくらべて、用いている天然資源は非常に少量となっています。人的資本（たとえば、経験や技術や知識等々ですが）の素晴らしいところは、逓減則に従わないということです。使えば使うほどより使えるものが引き出せるということです。それは使い尽くされてしまうということがありません。実際、使われなければ衰弱してしまうものなのですから。現代の発達した経済―もちろん日本でも―においては、物的な自然資源の割合に対して思考や技術などの人的資本の使われる割合はますます大きくなっています。ここに希望があると私は思います。たとえば、アメリカにいる日本のある企業経営者がコンピュータチップの試作品をつくっているのですが、—このことについては、近刊予定の *The Nature of Economies* でも紹介しましたが—砂、（正確にいえば）珪砂を用いています。それは最も値段が安く、また地球上どこにもふんだんにある資源です。一方、製品のコンピュータチップは、その中に人的資本が注入されているゆえに非常に高価なものとなるわけです。

このような考え方はわれわれにとってなじみ深いものです。もう一つ、典型的な例として芸術作品があります。画家はキャンバスと絵の具を用いますが、それは作品のごく一部でしかありません。作品に注入されているものは、画家の労力や想像力や技術等々なのです。われわれが制作するものや使用するものの多くが、ますますそのようなものになりつつあります。このように、天然資源の利用をより少なく押さえることで、森林や鉱物等資源の狂暴な搾取を抑制できる希望があるのです。

この後にはお得意の自動車批判が続く。「多くの自然資源を使い、また汚していることにくらべて、人的資本が注入されている割合が少ない」と。

●暗黒時代は日本にも迫り来る?

ところで、現在の日本の状況は彼女の目にどう映るのだろうか?九九年当時は平成不況の真只中。日本の若者が、親の世代がリストラや低賃金にあえいでいるにもかかわらず、気ままなフリーター暮らしをする様子を報道した新聞記事を説明し、彼らが地べたに座り談笑している様子（「ジベタリアン」が流行語になった頃でもあった）を示した写真を見せたのだが、反応は意外なものだった。同年インタビューにていわく、

T── 日本の若者達は現在の経済的状況に無関心なようです。これは新聞のコピーですがご覧のように街路に座って…。
J── 仕事がないからですか?
T── いえ、彼らは高校生か大学生かと思います。二十歳か十八歳ぐらいかと。
J── 学校は卒業したのですか?
T── いえ、いえ。学校には行っているのですが、授業が終わってから、通りにじかに腰をおろして何か食べながらこのようにダベっているわけです。
J── でも、表情は悪くないですね。
T── しかし、二十歳にしてはエネルギーがないような感じですが…。
J── 希望を失っているのですか?
T── ええ、そんな感じかと。でも、将来に対しては楽観的すぎるようです。野心はないにせよ楽観的なのです。

(中略)

J── 彼らは、仕事の倫理を喪失しているのですか?
T── 仕事の倫理とは?
J── 人々が仕事の倫理をもっているというのは、働くことがよいこと、重要なことであると信じてそれに興味をもっている状態を指していいます。仕事に就こうとしない人は、この仕事の倫理を喪失しているわけです。彼らは働くことに興味がもてないでいるのですか?

T――ウーン。アルバイトをしている者もいますし、学生である者もいますね。仕事や学校のないときに、このようにしているわけで。

J――なぜ彼らのことが新聞に載っているのですか？この記事はどういうことを示しているのですか？

T――新聞は、彼らを「ジベタリアン」と名づけています。地べたとは路面のこと、つまり路上に座る連中というわけです。

J――あぁ、彼らの呼び名ですね。

T――そうです。これがジベタリアン。彼らは不況に無関心、記事は非常に客観的に書かれています。

J――このような現象は正常なことなのですか？

T――いえ、正常ではありません、しかし…。

J――しかし、彼らは落胆しているわけではない。不況に無関心。それは彼らが国や経済がうまくいっていないということを知らないということですか？あるいは彼ら自身がダメになったと思っていないということですか？

T――彼らが本当に経済的不況について知らないかどうかは、分からないと思います。認知はしていながら、あたかも知らないように振る舞っているのかも…

J――ははぁ。ちょっとお聞きしますが、彼らの両親の世代では失業の問題は深刻なのですか？それとも、この若い世代だけの問題なのですか？

T――多分彼らの親世代のほうが非常に深刻でしょうね。

（中略）

J― そうですね、彼ら自身もきっと不況は感じ取っているのだと思います。親に職がないときに、子供がそれに無関心でいられるわけはないですから。親が悩んでいることはわかっていると思います。

T― そうでしょうね。

J― 若い人達にとって、さらにはその親世代にとって仕事を得られないことは、真に彼らのセキュリティを蝕むことになるという理由でまずいことです。

T― セキュリティですか。

J― セキュリティの感覚、それはすべての人が若いときは、世話をしてくれるその親に依存しているということです。アメリカの大恐慌の時代にはそれが全く失われたのですから。

T― 大恐慌の時代にですか？

J― アメリカの一九三〇年代の失業率は二五パーセントに達しました。アメリカでは失業率五％というのは悪くない数字で、四パーセントなら正常ベストといえます。しかし二五パーセントはとんでもないことです。

T― そうですよね。この記事は地べたに座る若者について説明しているのですが、高校生や大学生の間で流行っていることで、別にお金がないからそうやっているのではなく…、

J― そうですね、何か食べていますね。

T― ＰＨＳや携帯電話などももっていて、レストランへ行ったりカラオケへ行ったりしつつ、アルバイトもやっている。一方、彼らの親達は非常に深刻な状況すなわち不況に陥っている。しかし、そ

の子供である彼らの方はそれに無関心で、多くの物を買ったりして、彼ら自身の生活をエンジョイしているというのが記事のヘッドラインです。

J―　そう。そして実際彼らは悪くない生活をしている。

T―　そうだと思います。しかし私が心配するのは、それが世代間の断絶、家族内でのギャップに関係していないかということです。

J―　そうですね…。もし何かが変化するときは、他のあらゆることにも影響を及ぼします。孤立して起こる変化というものはありません。それが予測が難しいことの理由の一つです。

T―　なるほど。ということは、それは大きな変化の一部、より何かより広大な変容の中の一つの現象として見なさなければならないということですね。

J―　一九三〇年代の大恐慌期のアメリカで恐ろしかったことは、二五パーセントに上った失業者のほとんどが、自分自身の失敗によるものだと思っていたことでした。彼らは、経済が失敗したからだと思わずに、彼ら自身が失敗したと思っていたのです

T―　自分達自身が失敗したと。

J―　そうです。それが心理的に多くの人々によくない影響を与えました。それが今日の失業―人々は、その原因が経済の失敗にあると考えており、自分自身の失敗のためではないと理解している―と違うところです。失業は不運ではあるのですが、現在は自分達自身が招いたことではないと考えていることです。日本のこの若者達はどうですか?彼らは、彼ら自身の失敗が原因ではないと考えているのですよね?

T―　そうだと思います。

J―　そうです。経済が悪いので、彼らが悪いわけではないのです。受け身で依存性が強すぎる人間は誰しも好きではないのですが、失業は自分の失敗だと考え自尊心を失ってしまうよりは、はるかに健全なことなのです。私が、彼ら（新聞記事の若者達）について、表情は悪くないといったことの一つの意味には、自尊心を失っているようにはみえないということがあるのです。

T―　そうですね。

J―　それは賞賛すべきことだと思いますよ。

この自尊心の重要性は、先述のように最初の九〇年インタビューでもみられていた。また別途書簡で彼女に、アメリカで特定の人種の犯罪率が高いことに触れた質問をしたことがあったが、「人種・民族そのものの遺伝的特質ではなく、その人種・民族がおかれた環境がそれを生んでいるのです」というのがそれに対する答えであった。つまり、人々が自尊心を失う状態にされる環境こそが真の社会の危機であると彼女はいうのである。

第5章でみたように、彼女が『壊れゆくアメリカ』で指摘する危機の多くは日本にもあてはまる。しかし、同じく彼女の説によれば、自尊心が壊れてはいないかぎりは、望みが見出せるといえる。『壊れゆくアメリカ』のエピローグにおいて、アメリカは音楽等に多様性がみられる点で古代ローマとは違いまだ望みがつながる、と土壇場で唐突にもち出してきた楽観性は議論があるところで、この日本に対するメッセージも、同様に多分に割り引いて考えるべきだろう。しかしジェイコブズがここでも、日本が未来に向けて大切にすべきものを、また一つ指摘していることは重要である。

このインタビュー後、日本の経済状況はさらに厳しさを増し、二〇一〇年時点では若年層自身にそのひずみが及んできている感がある。彼らが自尊心を失わないでいることを願わずにはいられない。

6-4 未来は誰にも分からないが…

◉予測について

何度かみてきたとおり、ジェイコブズは予測ぎらいである。その理由は雑ぱくにいえば、「物事は複雑に影響し合いながら変化するから」ということに尽きる。九〇年インタビューからもう一度振返ってみる。

T— 用途の混在、小規模ブロック、建物年代の混在、高密度といった多様性のための四条件が指摘されています。

J— 私の知っているかぎりでは、このうちの一つや二つしか同時には実現されていないようです。四つすべてが大事なのです。

T— あまりに混在しすぎた土地利用、余りに小さすぎるブロックというのもどうかと思うのですが。

J— そのとおりです。程度が行きすぎて、土地利用なり、ブロックなりが、かけらのようにばらばらに存在しても駄目なのです。相互に関係がなければ。

T— 最適なレベルの用途混在、最適な長さのブロックといったものがあるように思うのですが…。

J— たしかにそうです。しかし事態はいつも動的に変化しています。ある時点で最適なように計画してもその後うまくいかなくなることがあります。つねにそのままであり続けることはないということを意識しておくことが大切です。

また、次の九九年インタビューでは、予測の不可能性、特に複雑なシステムについてのその不毛性が語られる。そのようなシステムのもつある重要な特徴も。

T―　次の世代に物事がどうなるか見出すことは可能なのでしょうか?

J―　いいえ、確実に予測することは不可能でしょう。幸運に恵まれてできることはあっても。物事はそれぞれが進行しながら、それ自身のやり方で形成されてゆくものですから、予測することはできません。

バタフライ効果をご存知ですか?

T―　え、ええ。

J―　エドワード・ローレンツという気象学者がいたのですが、彼は天候を予測する新しいよい手法を思いつきました。コンピュータに天候や気温や風速や風向をすべて記憶させ、巨大なアーカイブをつくります。現在と少し過去の天候等が分かっているとき、そのコンピュータライブラリーに問い合わせ、それらと一致する過去のデータを見出し、それがたどったパターンをみれば次の時点の天候が予測できるというものです。以上が彼のアイディアで、これで予報が可能だと思ったのです。しかし、この手法を用いてみて、彼は大きな驚きを経験することになります。これで予報があたるのはせいぜい三、四日で、その後はまるでもともとのデータが一致していなかったように、全く別の天候に推移してしまうことになったのです。カオスのようなものです。

それで、こうなってしまう理由の一つがバタフライ効果とよばれるものです。あらゆる種類の小さな曖昧なこと、たとえば象徴的にいえば蝶の羽ばたき一つ、がその足跡をたどることができないのです。しかしそれ以上に彼が学んだ重要なことは、天候のようなシステムは、それ自身が常に変化しながら、それなりの形が形成されていくということです。それは予定されたものではありません。事前に調整されたものでもありません。それは自身を自己形成していくもので、予定されませんから予測もできないわけです。したがって、彼は天気予報は一週間が限界だということを認識しました。一年間にわたってどうなるなどということはいえないわけです。

そう、言葉もそういうものですね。言葉も変化しながらそれ自身を形成していくものです。五〇〇年前には、現在の言語の語彙や発音等を予測することはできなかったでしょう。現在どんなに優秀な言語学者であっても、たとえば西暦二三〇〇年に使われている言葉を知ることは不可能です。そのときの英語は？日本語は？それらの言語に使われている単語はどのようになっているでしょうか？

「複雑な秩序性」をみる視点は、『死と生』以来一貫して彼女がもち続けているものであり、都市、経済、生態系等彼女がテーマとしたもののすべてはそのようにとらえられている。それらが、予測不可能であることの本質がここでも語られている。また言語については『経済の本質』でも触れられているが、さらにどのような論の展開を考えていたのだろうか、同書邦訳の「あとがき」でこの点に言及した香西氏同様、興味は尽きない。

ている。

◉未来への見通し

ただ、九〇年インタビューにおいては、予測とはいえないながら、次のような明るい見通しも示している。

T―― ところで、未来の都市はどうなる、あるいはどうあるべきだとお思いですか?

J―― 私はそれほどの予言者ではありません。私にできることは、現実に起こっていることをみつめようとすることだけです。また誰にもわからないでしょう。そんなことに思いを煩わせることは、現実と向き合う妨げになります。すべてのことが自分の制御におかれる場所など決して考えないことです。だって、そんなものはそもそも存在しないのですから。だから私にはわかりません。

しかし、私には十分な確信があります。私達よりも、私達の子供達、その子供達、さらにそのまた子供達のほうが、よりうまく事態に対応できるであろうということです。

予測は行っていないまでも、何とも楽観的な言明である。これと『壊れゆくアメリカ』のペシミズムのコントラスト(これは、いったい何を意味するのだろうか?)。十数年間のタイム・ラグがそうさせたとしかいいようがないのだが、時代の変化や個人的な感情の変化が複雑に絡んでいるように思う。ただ、『壊れゆくアメリカ』においてさえも、最後できわどく明るい展望を示していることからも、ジェイコブズは究極的なところでは次世代の感性を信じているところがあるのだろうと思う。いや、そう思いたい。

以上、彼女自身の言葉で語ってもらった二度にわたるインタビューの主要部を、項目に沿ってご紹介させていただいた。次章では、これまでの考察をふまえて、著者自身の視座からの展望を示したい。

【補注】

（1）玉川英則解題「近代都市計画へのアンチテーゼ―ジェーン＝ジェイコブズ訪問」、『都市計画』２０７号、pp.7-12, 1997.6

（2）玉川英則「素顔のＪ．ジェイコブズ　素顔の現代日本」、『地域開発』５０３号、pp.10-13, 2006.8

第7章……ジェイコブズの遺産から未来へ

トロント市のジェイコブズ邸に隣接するストリートの街並み
(1999.9 photo. by Tamagawa)

広範囲な視野、生活者の視点、都市や社会の総体をとらえようとする視座、そのような、ジェイコブズの都市・社会に関する思想を、われわれはどのようにして未来に引き継ぐべきなのだろうか？そして、それをふまえての都市展望とは…。最終章では、それを探ってゆくことにする。

7-1 ジェイコブズの遺したもの＝都市の本質とは？

◉エコロジスト・ジェイコブズ

生涯を通じて、幅広い都市論を展開した彼女だが、その思想はかなり誤解されているように思う。たとえば、『死と生』一つとっても、「小規模ブロックの必要性」の章で資本主義の牙城ともいえるロックフェラープラザを高く評価している一方で、「視覚的秩序」の章ではニューヨーク公共図書館の存在を「超高層のビジネスビルが林立する中で景観的にもまた機能的にもランドマークとなっている」と、こちらもまたもや賞賛している。要するにイデオロギー的には「右」でも「左」でもなく、「民」と「公」の区分においても、『市場の倫理　統治の倫理』に典型的に見られるように、それぞれの特性を公平に評価しているのである。

また、『死と生』の最終章では都市についての科学論を展開しているが、その最後は印象的だ。ニューヨークを流れるハドソン川。その上流でみられる自然の造作クレイ・ドッグ（「粘土の犬」）。それを破壊してつくられた何の変哲もない芝生の公園。彼女はそれを批判し、大自然そのもののもつ複雑でかけがえのない秩序性と、大都市のもつやはり同様の秩序性を理解することの重要性を指摘して全巻を結ぶ。ややもすれば「都市至上主義」と考えられがちなこの書の、意外なエピローグである。

人間が自然発生的につくり出した大都市という環境を、大自然と対立するものとは決して考えず、それぞれの本性を積極的に評価していこうとする態度をそこにみることができる。ともに「複雑な秩序性」をもった対象ということで、自然環境と都市との類似性を指摘し、エコロジストとしての一面を見せて締めくくっているのである（このモチーフは、その後四十年近くを経て、記述のように『経済の本質』で結実する）。彼女が多くの著作を通じていいたかったことは、まず、「都市だって、自然の原理に従っているのですよ」という命題で包括することができるだろう。

◉「都」と「市」

もう一度、一九九九年のインタビューに話が戻るが、実はその冒頭でこんな話をしている。まず、当方から、日本語の都市という言葉—「都」と「市」—が「政治の中心」と「交易の中心」にあたること、そして、それはまさに『市場の倫理　統治の倫理』の主題にぴったり対応することを知らせたところ、「何と興味深く感性豊かな言葉か！」と感嘆の声を聞かせてもらうことができた。この「都」と「市」は、栗本慎一郎氏流にいえば「光の都市・闇の都市」となろうが、まさに複合性をもつ都市の本質であり、『市場の倫理　統治の倫理』では、それが人間社会の成立要件になっていることをジェイコブズは看破しているのである。

第5章第4節で述べたとおり、市場の倫理で対処すべきことが統治の倫理で行われてしまう矛盾を『死と生』で示し、その中でも都市の経済機能を重視し、『都市の原理』、『都市の経済学』へと議論を発展させる。しかし、行きすぎた市場原理主義には『壊れゆくアメリカ』で警鐘を鳴らしたのである。

ただ、以上のようにみてきても、ジェイコブズの理論の多くは基本的には仮説の提示として受け止めざるをえないのだろうと思う。第5章までの内容で示したように、実証や演繹については疑問が残るところも少なからず存在する。それらの解明・展開は、研究者の役目と考えたい。その前提の上で、さらに話を進めてみよう。

7-2 都市の起源から未来へ

◉「都市が先にあった」再考

しつこいようだが、九九年インタビューからもう一つ引用させていただきたい。話題は都市の起源論に及んだ。「農村より都市が先に存在した」という『都市の原理』にある主張に関連して、次のようなアナロジーを語ってくれた。

「ウィルスの謎をご存知でしょうか?　ウィルスは自身では捕食しないし代謝も行いません。ウィルスは、別の細胞の中にいてその細胞に依存しています。そして細胞よりはるかに単純です。しかしそれは細胞無しには生きられないという理由から細胞が生まれる以前には存在しえないのです。じゃあウィルスはどこから来たのでしょう?　現在の理論では、細胞からはがれた断片であるということになっています。またウィルスの数は恐ろしく多いのです。私の考えでは、それはより完全な集住地(settlements)から分離した断片という意味で、最初の農村になぞられることができると思います。これはアナロジーですが、農村はより完全な集住地の前には存在しないのです。その集住地は、現在の都市より単純ながらも、都市のように交易を行うものであったり、また都市そのものであったのではと考えています」。

農村が先にあり、それが拡大して都市が成立したという考え方と上記のジェイコブズの考え方は正反対であるが、それだけではなく、何を大切にすべきなのかということで、根本的に違いが生じる。都市の先に農村が存在していたのなら、農村が都市の基盤であるから、そのあり方が人間居住の基礎となることになる。一方、農村の先に都市があると仮定することはできないだろうか、そうすれば、どのようなことがいえるだろうか?

こう考えてはどうか。その存在のロジックが確立したものは、都市の外部へ出ていく。個々が「規模の経済」を求めて、広大な土地や自然資源を得られる都市の外へと向かっていく。ロジックが確立していないもの、もやもやと蠢《うごめ》いているが未だ形をなさざる試み、しかし、何か新しさ、あるいは萌芽性を感じさせる混沌とした動き…、それらは都市の中で醸成されていく必要があるのである。醸成されるといっても、決して哺育器の中でぬくぬくと保護されるという意味ではない。絶え間ない「他者」との接触の中で、磨かれ、鍛えられて、自らの論理を確立していくのである。逆説的ないい方になるが、都市の内部における「外部経済性」、すなわち様々な異業種が集積することによるメリットである「都市化の経済」が、まだ形をなさざる新しい営為には必要といえるものなのである。

農業もそのような状況の中で生まれてきたとは考えられないだろうか?

現在では似たようなことに思えても、植物や動物を採取する行為（採取・狩猟）とそれを育成する行為（農耕・牧畜）の間には、往時はとてつもなく深いクレバスがあったはずだ。都市（といって悪ければ当時の高密集住地）の中において、様々な試行錯誤の果てに人類は育成という行為を発明し、そのクレバスを奇跡的にとらえ、そして超えたのではないだろうか。

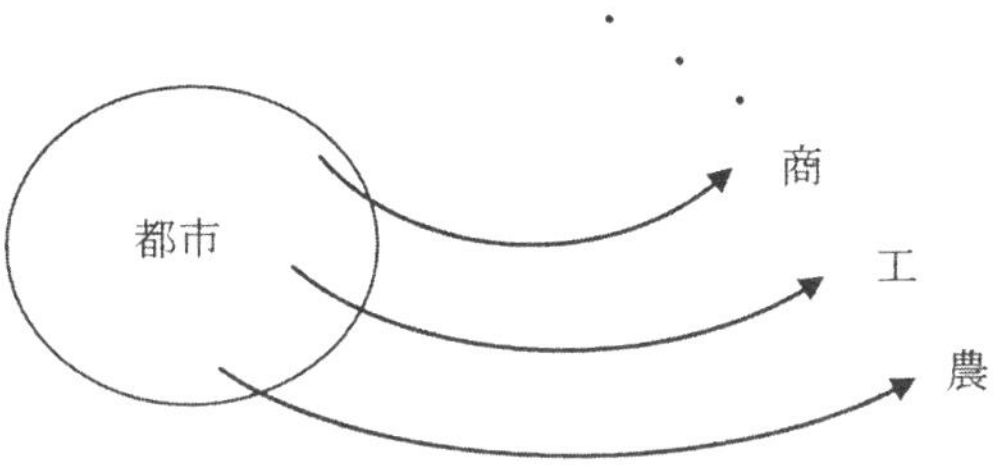

図 7-1　インキュベータとしての都市の模式図

◉仮説の外挿

こう考えると、一つの統一的な見方が可能となる。ジェイコブズの仮説を、農業以降に外挿するのである。すなわち、工業や商業も都市の中で生まれ、個々のロジックを確立したのち、都市の外（すなわち郊外）へ出て行ったと考える。というか実際、これらの現象は、われわれがリアルタイムで経験していることでもある。もちろん、工場等制限法による立地規制の影響、公害問題などの集積の不利益（外部不経済）、大規模店舗立地規制の緩和等も無視できないが、一方で、工業や商業自らが都市の外へ出ていく主体的要因も重要である、いやそちらのほうがむしろより重要なことなのではないだろうか。都市内での外部経済性（都市化の経済）を利用して成長、個の論理を確立した後は、内部経済性（規模の経済）を利用して都市の外部へ（産業としてのルーチン化）というプロセスである。

これは、ジェイコブズの仮説からの一つの演繹であり、これ自身新たな仮説である。『死と生』以来彼女の著作に繰り返し登場する、インキュベータ（孵卵器）という都市の機能を広義に解釈・展開したものといってもよい。現在、はっきりした形をなさないが、次代の新しき創造の源泉であるもの、平たくいえば、ベンチャービジネスや新時代の建築といったようなことになるだろうが、それらを包み込み羽化させる容器として都市はある。羽化したものは、都市の外へと飛び立っていくのである。そういう意味では、逆説的に都市は永遠に不全なるものといってもよい。

実はこの仮説を未来へ外挿してみたいのだが、次に何が都市の外へ立ち現れるか、都市から外在化されるかは分からない。それが分かるくらいなら、未来も含めて人類の歴史の全貌が描けるはずである。

いずれにせよ、最初に農村的自己完結的コミュニティがあって、それから他地域との交易がはじまったわけではないのだろう。実際、旧石器時代の遺跡でも、大きな居住区の存在を示すものがあり、しかも、地元では産出されないはずのモノが発掘されている（新潟県奥三面の遺跡など）。自己完結、自給自足は災害直後など一時的にはありえても、通常は幻想にすぎないのでないだろうか。人のつくるコミュニティは、さらにいうならば人間存在は、本質的に交易を必要としている。それは、より根源的にいえば、人間にとって「他者性」が不可欠であるということでもあるのではないだろうか。「居住」をより良いものにすることは、近代都市計画の大きな目的であった。逆に、オーソドックスな都市計画では、「交易」の視点は弱い。自己完結性のドグマの克服、すなわち、その呪縛からの離陸を果たすべきときなのかもしれない。

7-3 「空間」の変容と都市のゆくえ

●「フロー」と「場」と都市

次に、「空間」ということを改めて考えてみよう。マニュエル・カステルという社会学者がいる。彼は「空間」の定義を拡張し、「空間は、時間を共有する社会的諸実践の物的支持である」（マニュエル・カステル著、大澤善信訳『都市・情報・グローバル経済』、1999）という。つまり、時間を同じくして相互に関係しつつ複数の事象が生起していれば、それを支える基盤を空間と認めるわけである。ここで重要なのは、現在においては、情報技術の発達によって物理的に近接していなくても、そのような営為が可能になっているということである。雑ぱくにいえば、空間の本質とは時間を共有していることであるというわけである。彼はこれを特に、「フローの空間」とよぶ。フローといっても矢印ではない。情報の流れが交錯することにより、人々が感じ取ることのできる時間共有感覚（を可能ならしめる何か）というぐらいの意味である。これに対し、伝統的な物理的近接性を基礎とする空間を「場の空間」とよんで区別している。

情報技術の発達により、都市の衰退が起こるのではということが考えられる。ジェイコブズも、『経済の本質』の持続可能性に言及する部分で、「都市がだめになったのは、どんな小さな地域に住んでいても、現代のコミュニケーションにより顧客と供給者の網をつなぐことができるから」（邦訳 pp.91-92）という言明を行っている。しかし、この点についてはそれ以上の展開はない。

たしかに「フローの空間」は増殖している。クラシカルな情報技術である電話、ラジオ、テレビから、昨今のインターネットまで、フローを可能ならしめるものが次々に登場している。たとえば、「国境を越えない移民」といわれる人々。アメリカ企業バックオフィスが、インドにおかれている例が報道番組で紹介されたことがあった（二〇〇三年六月二九日　NHKスペシャル）。アメリカのデイタイムに顧客からの問い合わせに応じるのは、地球の裏側で深夜に勤務しているインド人従業員なのである。

また、二〇〇七年頃話題になったものに「セカンドライフ」がある。アバターとよばれる住人たちは、「時間」を共有することで空間を構成する。しかし、生身の人間である彼らが存在する場の空間が実際に隣接しているわけでは決してない。

東京本社からマニラへ出張した大企業の社員をイメージしてみよう。滞在しているホテルに、上海の取引先からFAXが送られてくる。ドバイから電話で新たな商談が舞い込んでくる。ニューヨーク支社からもメールが届く。それらの情報は彼と時間を共有している。彼が空間として意識しているのは、まさにこれらの「フロー」である。一方、部屋の窓に目をやれば、足下に広がるスラム街がみえるかもしれない。しかし、「場」の空間であるそちらに彼の意識が奪われることはない。

某電気メーカーの開発部門では、関東のオフィスと関西のオフィスを自社の「超臨場感」システムで結ぶシステムを導入している。このシステムを介し普段よくコミュニケーションを取っているため、たまに一方のスタッフが他方へ出張（文字通り新幹線で体を移動させる）しても、お互いに「久しぶり」という感覚にはならないという。

カステルは、このような「フローの空間」による「場の空間」の浸食を指摘し、問題とする。たしかに二一世紀は、それがますます進行していく時代のように思える。しかし、事態はそう単純ではない。

◉それでも「場」は残る

ＪＲ中央線で新宿から一時間あまり、四方津駅から斜行エレベータで山を登ること十数分、頂上に「コモアしおつ」という住宅地がある。まさに山合いに突如舞い降りたニュータウンである。一九八〇年代の開発当時は、東京都心従業者が居住。周辺の上野原市の集落とはなんら関係をもっていなかった。まさに、その周囲からは切り離された「フローの空間」である。しかし、同地区管理センターの

丘陵部の住宅地「コモアしおつ」に向かう斜行エレベータ（中央）（筆者撮影 2009.7）

話では近年は状況が一変したという。同市内あるいは近隣市町村勤務者で職住近接の住み替えが主流となってきたのである。

この例が示すのは、当初「フロー」として考えられた空間でも、「場」となってはじめて定着するということではないだろうか。生活の場・居住地が安定する条件がそこにみえるのではないか。そして、そのために必要なこと（もの）は時間なのかもしれない。ジェイコブズが住み愛したグリニッジ・ヴィレッジとて、最初から多様性に富む地域であったわけでもないはずである。

実は、前述のインドのバックオフィスの例においても、顧客に違和感をもたれないように、インターネットで顧客先（アメリカ本土）の天気概況をみながら、電話の会話では調子を合わせる場面が続いて映し出されていた。このような場合においても、「場」の空間を共有している感覚が全く必要とされないわけではないのである。

私見では、究極のところ、「場」が全く必要とされなくなるかどうかは、人間がその体を解体できる（そして、それでいて意識によりアイデンティティを統合できる）ときが来るかどうかによるような気がする。他がどうなろうと自分の体だけは、物理的な隣接性をよりどころとする最終的な「場」であるからである。それが解体されるという事態は、もちろん現在はSFの世界の話でしかないが、百年後には可能性がないとはいえない。だが、そこまで行きつく手前に、解体されずに残っていく「場」、あるいは、いったん解体されたかに見えながらいつしか復権していく「場」というものが必ず存在し、それが今度は、都市における特に「居住」のあり方を考える場合に、重要なポイントとなるのではないか。「コモアしおつ」の例からは、そのようなことが想像される。

7-4 日本への想いを受けとめるために

ジェイコブズは第6章でみたように、インタビューで日本に対する肯定的評価の数々を披露しており、『アメリカ大都市の死と生』の日本語版（1977）への序文では、日本の都市の活力に言及している。また、『都市の原理』や『都市の経済学』では、日本の経済への評価を諸所で表明しており、大都市経済の影響が遠隔地にも及ぶ例として「シノハタ」という架空の地名までつくり出している。さらに、『市場の倫理　統治の倫理』においては、「日本人がそのうち科学でもリーダーになるわけ？」「そう」（邦訳 p.64）といった会話が見られ、『壊れゆくアメリカ』に至っては、「日本とアイルランドには暗黒時代はなかった」（邦訳 p.210）とまで述べている。

日本人としては、ここまで、日本の都市や経済や社会を評価しているジェイコブズに何とか答えないわけにはゆかない。

高密な都市居住、主要用途の混在、小規模ブロック、古い建物の存在という都市の多様性の四条件は、日本の自然発生的都市においては普通に満たされている（はずであった。最近は怪しいが）。

一方、ジェイコブズが懐疑的に扱っているパターナリズム（父権主義）、は一神教、一元的価値観に基礎をおくものといえるが、これは、わが国の「二千年の伝統」のなかにはない。明治維新以来の日本は、「父権主義」の実験を試みてきた。それを伝統といえないことはないが、たかだか「百年の伝統」にすぎない。

圧倒的に「父権主義」がなかった時代のほうが長く、百年の実験の果てに、今また「二千年の伝統」に立ち戻ろうとするかのような動きもみられる。これは、欧米諸国のような一神教の国からみればわかりにくい。でも、それでよいのだろう。

江戸時代以前から女性が財産をもつのはめずらしいことではなかった。峻別する文化に対し、同化する文化である。日本庭園や花鳥風月といった自然との共生も、意識せずあたりまえのこととして受け入れられる。ジェイコブズが奇しくも「発見」してくれた「空間の幻影」は、まさにその象徴的なものの一つである。それを大切にしていくことが重要であることは議論の余地がない。

事例としては別になるが、モンゴルのウランバートル周辺には、ゲル地区という一部にモンゴル特有の移動住居を含む地域が形成されている。これは、西欧的基準ではスラムということになり、国家政策としても、クリアランスし恒常的な集合住宅に再開発する政策が進められているという。しかし、写真でみるかぎり（また、モンゴルの研究者が実際に視察するかぎり）、東南アジアの大都市インナーエリアのスラムはもちろん、終戦直後から高度経済成長期前期に広がった日本の大都市の木賃アパート地帯とくらべても悪くない。十分な空間的余裕がみて取れるのである。モンゴル特有の居住形態として、「移動」を前提とする「居住」が考えられてもよいのではないか。近代都市計画の視野には全く入ってこない計画のロジックが考えられるのではないか。

アジアの都市や日本の都市は、西欧とは「別種の発達」をしてかまわないのである。ただ、いわゆる「ガラパゴス化」を防ぐためには、そういう別種の価値観が存在することを、対外的に明確に伝えるべきなのである。そのためには異文化の理解こそが重要である。原理主義的な心性や要塞に立て籠もる臆病さでは、それはなしえない。『壊れゆくアメリカ』が真に示していることは、逆説的にそのようなことなのかもしれない。

このように考えてくると、ジェイコブズの様々なアイディアは、欧米という「お手本」をあてにできなくなりつつある日本に重要な示唆を示しているといえよう。そういう意味でのフロントランナーとしての自覚をもち、進んでいくことがこれからのわが国にとって大切なのではないだろうか。

コラム 1

ジェインズ・ウォーク(Jane's Walk)広がる

Jane's Walk という行事がある。ジェイコブズの業績を称え、その遺志を受け継ぐ目的で、彼女の没後1年の2007年より毎年行われている。内容は、何の変哲もないことだ。毎年5月初めの週末、地域住民が自分たちの住む街を歩き回り、生活や仕事をする上での問題点などについて話し合うという試みである。

地元トロントはもちろん、カナダ、アメリカを中心として年々参加地域が増加、2010年時点では、インドを含む世界9カ国68都市424カ所となる広がりを見せている。写真は、2009年にトロントで行われたJane's Walk の模様を報じる、カナダの新聞 *The Globe and Mail* の記事（2009年5月2日付）。

WALKING A MILE IN ANOTHER RESIDENT'S SHOES

Jane Jacobs would be so proud

BY TENILLE BONOGUORE

The third annual Jane's Walk is suffering under a slight misnomer.

This weekend's schedule of neighbourhood exploration is still rooted in the ethos of activist and urban thinker Jane Jacobs, but the event has exploded to include four bicycle rides and a morning jog alongside the other 116 guided rambles.

And that's just in Toronto.

From a tour of the "Gaybourhood," as seen through the eyes of new immigrants, to a Spanish-language wander along St. Clair Avenue, the weekend offers stories, anecdotes, history and architecture from the people who live there.

"Everyone's got a take on their neighbourhood," organiser Jane Farrow says of the dynamic conversations that are often sparked by the walks. "The only thing you have to do is care about where you live."

Most walks are in the downtown zone, covering a vast range of sites, from buildings in the city's tower-renewal program, to the inner-city houses of Degrassi Street.

Meanwhile, people of curious mind and comfortable shoe will be pounding the pavement in 25 other Canadian cities, plus 24 in the United States and one in Mumbai, India.

Jane's Walk is all about the stories created by living in a city, and the social interaction that creates, Ms. Farrow said.

"A lot of the walking being done is functional, everyday walking," she said.

"That's where those social interactions take place ... that really knit people together and break barriers. They don't happen when you're in a car. They happen on a sidewalk."

One of the greatest successes of last year's event was a walk through Jane and Finch with the youth who live there.

The event booked up, and 100 people arrived on the doorstep to get an insider's view of an area mostly known through crime reportage.

"It was joyous that 100 people turned up. The kids were just blown away that so many people were interested," Ms. Farrow said.

That idea has been expanded, and this year youth in Jane-Wilson, St. James Town, Parkdale, Lawrence Heights and Weston will welcome strangers into their streets and lives.

But it's a youth-led tour of Church and Wellesley that promises to epitomize the spirit of Jane's Walk.

A youth group for queer immigrants and refugees will present the Gaybourhood through the eyes of newcomers fleeing sexual persecution, for whom the faded rainbow flags have lost none of their lustre.

The walk will also visit the "Goodbye Corner." Normally, that's the point where people say farewell to friends heading home from a visit to the neighbourhood.

But on Sunday afternoon's walk, it will become a place for tales of other goodbyes as the young guides tell of "farewelling" their friends and former lives to flee to Canada.

A full schedule of walks can be found online at janeswalk.net.

'Everyone's got a take on their neighbourhood': Paul Hess conducts a tour in 2008.
PHOTO COURTESY OF JANE FARROW, CENTRE FOR CITY ECOLOGY

なお、Jane's Walk の詳細と最新情報については、下記のサイトを参照されたい。

http://www.janeswalk.net/

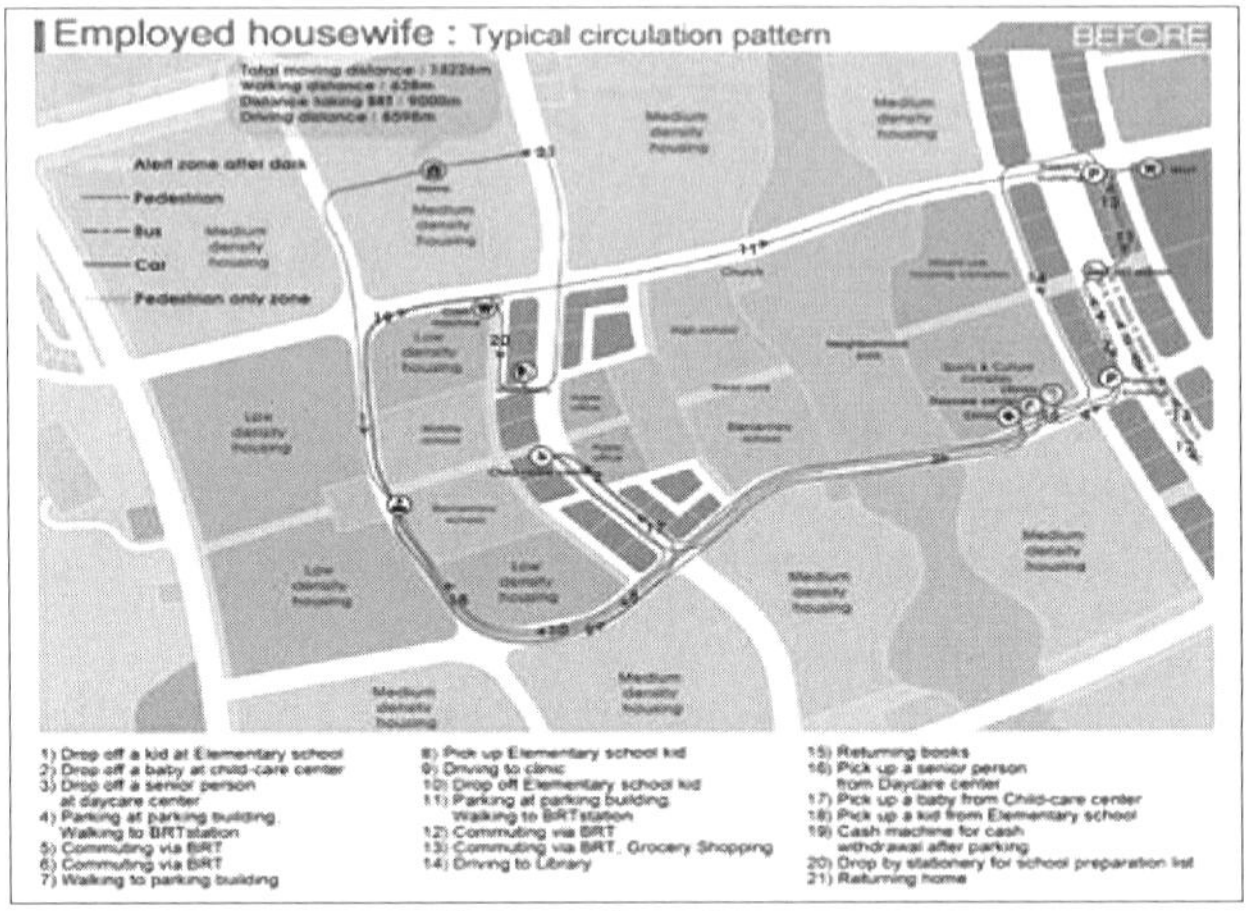
Employed housewife : Typical circulation pattern
BEFORE
Medium density housing
Low density housing
1) Drop off a kid at Elementary school
2) Drop off a baby at child-care center
3) Drop off a senior person at daycare center
4) Parking at parking building, Walking to BRTstation
5) Commuting via BRT
6) Commuting via BRT
7) Walking to parking building
8) Pick up Elementary school kid
9) Driving to clinic
10) Drop off Elementary school kid
11) Parking at parking building, Walking to BRTstation
12) Commuting via BRT
13) Commuting via BRT, Grocery Shopping
14) Driving to Library
15) Returning books
16) Pick up a senior person from Daycare center
17) Pick up a baby from Child-care center
18) Pick up a kid from Elementary school
19) Cash machine for cash withdrawal after parking
20) Drop by stationery for school preparation list
21) Returning home

③職業を持つ女性の１日の経路の現状の一例

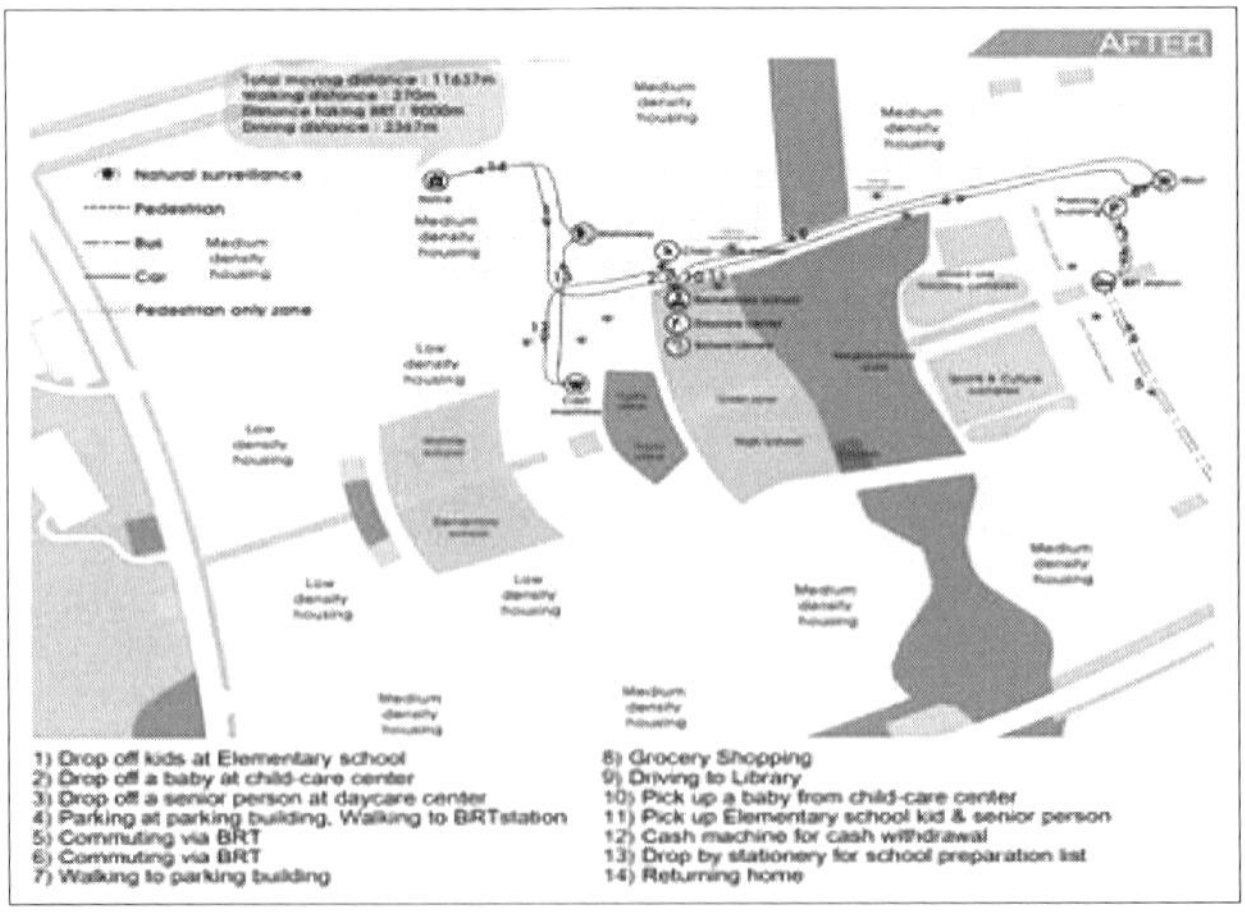
AFTER
Natural surveillance
Pedestrian
Bus
Car
Pedestrian only zone
Medium density housing
Low density housing
1) Drop off kids at Elementary school
2) Drop off a baby at child-care center
3) Drop off a senior person at daycare center
4) Parking at parking building, Walking to BRTstation
5) Commuting via BRT
6) Commuting via BRT
7) Walking to parking building
8) Grocery Shopping
9) Driving to Library
10) Pick up a baby from child-care center
11) Pick up Elementary school kid & senior person
12) Cash machine for cash withdrawal
13) Drop by stationery for school preparation list
14) Returning home

④計画実現後のパターンの一例

コラム 2

ジェイコブズを韓国へ
—— Women Friendly City の試み

韓国では2006年以来、KOWSAE（The Korea Women's Society of Archi-tects and Engineers）が中心となり、ジェイコブズのアイディアに影響を受けた都市計画が提案されている。「女性にやさしい街」を標榜した計画ガイドラインであり、基本コンセプトは、コミュニティ間の連結、アクセシビリティの改善、犯罪に対する安全性、効率的な用途混在、街路利用を促す低層建築、公共交通活用のためのコンパクト性などである。

以下の図は、コンセプト（右）と具体的な計画概念図（下）、職業のある女性の1日の生活経路に関して、現状（右上）と計画実現後（右下）のパターンについてのケーススタディを示す。

— Presented by Prof. Sun-Young Rieh, University of Seoul —

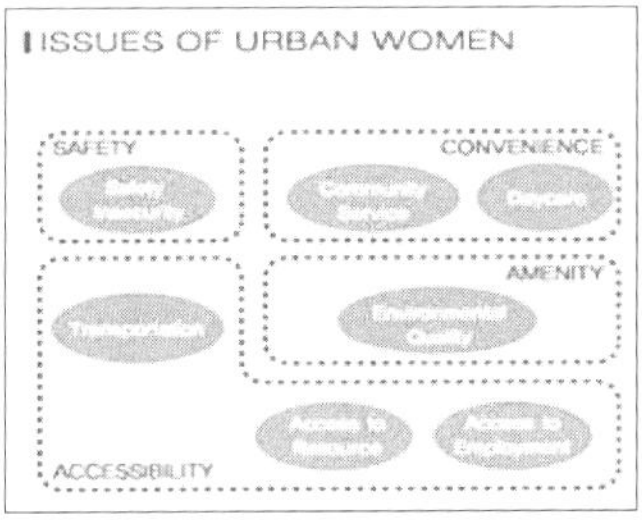

①基本コンセプト

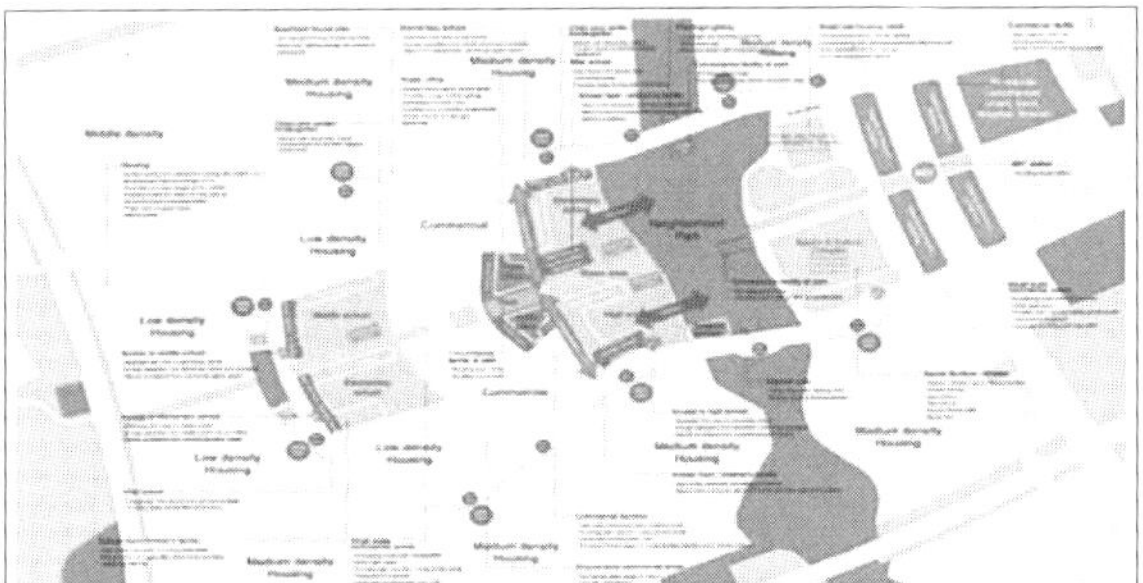

②ある地区の計画概念図

あとがき

共著者の宮崎氏を通じて本書執筆のお話をいただいたのは、一年以上前になる。ジェイコブズ女史に関する本を共同で出しませんかということであった。出版社の方とのご相談の途中で、『アメリカ大都市の死と生』の完全訳が出版される予定であることを知り、さらに『都市の原理』についても復刊が進行中とのことであった。日本におけるジェイコブズの浸透度は必ずしも高くはないが、死後しばらくして、ようやく注目を集めるようになってきたことを嬉しく思う。

まえがきでも述べられているように、宮崎氏との協議の中で、様々な方々にご執筆を依頼する案も出たが、結局二人でまとめることとなった。これは実際、膨大な思考作業であったが、実務にも精通する氏に随所で助言を受けながら各章の素案を摺り合わせる中で、それなりの流れができてきたように思う。私が本来、都市を数理モデルで扱う都市解析の研究者であることを知る方は、ジェイコブズ論を書くことに違和感をもたれるかもしれない。しかし、論理の連鎖による実証や演繹で話をまとめていく研究においても、最初の部分は、何らかの仮定・仮説やある種の単純化から出発する。その部分は経験から来る直観やインスピレーションに頼るしかないのだが、ジェイコブズの提示するアイディアは、まさにそこを刺激してくれるのである。彼女が「気になる存在」となるのは、私にとって十分な必然性があった。

ふり返れば、ジェイン・ジェイコブズ女史の訃報に接したのは、五年前の四月の午後のこと。カナダ・トロント在住の知人エーディルマン敏子さんから直接、また、私の所属する研究科の大学院生二名を経由して別途、相次いでメールが飛び込んできた。トロント現地時間で二十五日朝、八九歳の大往生だったという。エーディルマンさんからは、同年の正月にちょっと体調を崩したという話は聞いていたが、まさかと思った。話によれば、亡くなる数カ月前まで執筆活動を続けていたという。あと二冊書くつもりで、出版社とも約束があったとのこと。まさしく深い喪失感に襲われた瞬間であった。

彼女は、ついに一度も学術機関等の定職に就くことはなく、最後まで市井《しせい》のフリーランスライターとして生涯を終えた。『アメリカ大都市の死と生』から『壊れゆくアメリカ』まで、その思想遍歴はあまりに広範囲にみえる。しかし、本書を通じてご覧いただいたように、都市、経済、コミュニティ、社会といった人間の営みに共通し、さらには自然の生物にも通じてみられる、「生命」の源のようなものをみつめ続けたという点では一貫しているように思う。それにしても、七十歳を超えてからもなお四冊の著作を発表した旺盛な著述意欲には全く恐れ入るしかない。

一方、筆者がトロントのご自宅で二度お会いしたご本人は、しばしば著作で見せる刺激的な論調から想像される人物像とは異なり、実にしなやかな物腰のご婦人であった。鋭い視線ながらおだやかな表情、しゃべり出すと止まらない話しぶり、屈託のない鷹揚な人柄は深く印象に刻まれている。一度目は、異国から来た駆け出しの一研究者とその妻を暖かく迎えて下さり、手づくりのクッキーまで頂戴した。二度目の対談の際は、かならずしもご体調がよくなく、またお忙しい中にありながら時間を割いていただき再会を喜び合った。いずれも話題は、彼女の著作の内容をはじめとして様々な事柄に及んだが、その中でも特に、第6章でもご紹介したように、わが国の都市や経済に対する理解と評価が印象深い。多くの賞賛は、日本人として気恥ずかしいほどでもあったが、自らの足下をみつめ直すきっかけとなる貴重な体験だった。

彼女としては、まさか『壊れゆくアメリカ』が最後の著作になるとは、正直思っていなかったはずであろう。われわれとしても、今、心引かれるのは、書きかけたまま残されたという二つの遺作のことである。齢九十間際にしてなお気鋭の都市論者が、果たして「迫り来る暗黒時代」の先に見えたものがあったのだろうか?何らかの形でそれに接してみたいという思いはある。未完の状態で残されたことを考えると、その内容をふまえながら、彼女の本意をくみとるような議論ができれば面白い。しかし、ジェイコブズ自身への問いかけがもはや不可能となったことは事実なのだ。

アメリカやカナダも、欧州も、日本も、この二一世紀初頭においても複雑で多様な時代を迎えている。発展途上や新興の諸国の行く末は今なお流動的で先が読めない。繁栄を続けるアジアの一部の国々も、将来には何らかの困難に直面するだろう。われわれはもはや、その答えを彼女に頼ることはできない。もう自分達で行う以外にない。ジェイコブズ自身の「偉大なる素人」としての道程は、決して平坦ではなかっただろうと想像される。現在のわれわれも、プロとしても、素人としても、そのような道を行くしかないのである。


ところで、本書の刊行が可能になったのは、実に多くの方々のご協力による。末筆ながら記させていただきたい。まず鹿島出版会の相川幸二氏に対し、このような貴重な機会をいただいたことを感謝申し上げたい。またフリーエディターの小田切史夫氏には、執筆案および草稿に目を通していただき、重要なコメントを頂戴した。本書が何とか読者の鑑賞にたえうるレベルのものまでになっているとするなら、氏のおかげである。さらに、先述のエーディルマン敏子氏、またアメリカのレオバ・

ウルフ氏には、ジェイコブズに関する貴重な情報をご紹介いただだいた。カナダやアメリカの新聞記事などからは、彼女について知り得たことが多い。特に、隣人のエーディルマン氏には、『経済の本質』や『壊れゆくアメリカ』の執筆当時のエネルギッシュな様子なども楽しく聞かせていただだいた。なお、私事で恐縮だが、インタビューの際にサポート役として活躍してもらった妻にも一言礼をいいたい。

そして、最後に改めてジェイコブズ女史本人に再度感謝である。今ご本人がご存命でないのは、かえすがえす残念であり、何ともあっけない逝去のように思えるが、静かな最期だったと報じられることに幾ばくかの安堵を感じている。今はただ、その魂が安らかならんことを願うのみである。

二〇一一年三月　南大沢研究室にて　玉川英則

Sincerely,

Jane Jacobs

Jane Jacobs

著者略歴

宮崎洋司 Miyazaki Hiroshi
一九四七年　生まれ
東京工業大学大学院博士課程修了、工学博士
不動産会社、調査研究機関、調査企画会社所長を経て
現在、宇都宮共和大学教授
著書『等価交換手法と税務』(ぎょうせい)
『共同ビル計画論』(建築知識)
『都市再生の合意形成学』(鹿島出版会)

玉川英則 Tamagawa Hidenori
一九五六年　生まれ
東京大学大学院博士課程中退、論文提出により工学博士
新潟大学工学部助手・同助教授、東京都立大学都市研究所
助教授・同教授を経て
現在、首都大学東京・大学院都市環境科学研究科教授
編著『都市をとらえる』(都立大学都市研究所)
『持続可能な都市の「かたち」と「しくみ」』
(都立大学出版会)
Sustainable Cities : Japanese perspectives on physical and social structures (UNUP Press)
『コンパクトシティ再考』(学芸出版社)

都市の本質とゆくえ
——J・ジェイコブズと考える

発　行　二〇一一年五月二〇日　第一刷

共著者　宮崎洋司
　　　　玉川英則
発行者　鹿島光一
発行所　鹿島出版会
〒104-0028　東京都中央区八重洲二-五-一四
電話〇三-六二〇二-五二〇〇
振替〇〇一六〇-二-一八〇八八三

出版プロデュース　安曇野公司
デザイン&DTP　石原 亮
印刷・製本　三美印刷

Essence and Whereabouts of City Ideas

ISBN978-4-306-07285-5 C3052 Printed in Japan

本書の内容に関するご意見・ご感想は下記までお寄せください。
URL : http://www.kajima-publishing.co.jp
E-mail : info@kajima-publishing.co.jp